ATLAS CÉLESTE

COMPRENANT TOUTES LES CARTES DE L'ANCIEN ATLAS

DE

Ch. DIEN,

RECTIFIÉ, AUGMENTÉ ET ENRICHI

DE

CARTES NOUVELLES DES PRINCIPAUX OBJETS D'ÉTUDES ASTRONOMIQUES:
ÉTOILES DOUBLES, MULTIPLES, COLORÉES, NÉBULEUSES ET GROUPES STELLAIRES,
MOUVEMENTS PROPRES DES ÉTOILES, ETC.;

PAR

Camille FLAMMARION,

ASTRONOME, ANCIEN MEMBRE DE L'OBSERVATOIRE DE PARIS, ETC.

TROISIÈME ÉDITION.

PARIS,

GAUTHIER-VILLARS, IMPRIMEUR-LIBRAIRE

DE L'OBSERVATOIRE DE PARIS, DU BUREAU DES LONGITUDES,

SUCCESSEUR DE MALLET-BACHELIER,

QUAI DES AUGUSTINS, 55.

1877

ANDRÉ (Ch.), Astronome adjoint à l'Observatoire de Paris. — **Étude de la diffraction dans les instruments d'Optique**; son influence sur les observations astronomiques (Thèse). In-4, avec figures; 1876. 4 fr.

ANDRÉ et RAYET, Astronomes adjoints de l'Observatoire de Paris. — **L'Astronomie pratique et les Observatoires en Europe et en Amérique**, depuis le milieu du XVIIe siècle jusqu'à nos jours. In-18 jésus, avec belles figures dans le texte et planches en couleur.

Ire PARTIE : *Angleterre*; 1874	4 fr. 5o c.
IIe PARTIE : *Écosse, Irlande et Colonies anglaises*; 1874.	4 fr. 5o c.
IIIe PARTIE : *Amérique*	
IVe PARTIE : *Europe continentale*	

Chaque Partie se vend séparément.

ANNALES SCIENTIFIQUES DE L'ÉCOLE NORMALE SUPÉRIEURE, publiées, sous les auspices du Ministre de l'Instruction publique, par un *Comité de Rédaction composé de MM. les Maîtres de Conférences.*

COMITÉ DE RÉDACTION : M. *H. Sainte-Claire Deville*, président; M. *Bouquet*, secrétaire; M. *Gernez*, secrétaire adjoint. — **Sciences mathématiques** : MM. *Bertrand, Bonnet, Bouquet, Briot, Darboux, Hermite, Puiseux.* — **Sciences physiques** : MM. *Berthelot, Bertin, Debray, Friedel, Hautefeuille, Mascart, Troost.* — **Sciences naturelles** : MM. *Claude Bernard, Delafosse, Delesse, Des Cloizeaux, de Lacaze-Duthiers, Pasteur, Perrier, Pouchet, Van Tieghem.*

Première Série, 7 volumes in-4, avec figures dans le texte et planches sur cuivre; années 1864 à 1870 ... 15o fr.

La Table des matières des 7 volumes de la première Série est envoyée gratuitement aux personnes qui en font la demande par lettre affranchie.

La **Deuxième Série**, commencée en 1872, continue de paraître tous les mois par numéro de 64 pages in-4 au moins, avec figures dans le texte et planches. L'abonnement est annuel et part de janvier.

Prix de l'abonnement pour un an (12 NUMÉROS) :

Paris	3o fr.
Départements et Union postale	35 fr.
États-Unis	37 fr.
Autres pays	4o fr.

ATLAS MÉTÉOROLOGIQUE DE L'OBSERVATOIRE DE PARIS, rédigé sur les documents recueillis et discutés par les Commissions départementales, les Écoles Normales, les Observateurs cantonaux, etc., et publié avec le concours de l'*Association Scientifique de France*. Année 1878. In-folio, avec cartes; 1876. 15 fr.

BABINET, de l'Institut (Académie des Sciences). — **Études et Lectures sur les sciences d'observation et leurs applications pratiques.** Tomes I, II, III, IV, V, VI, VII, VIII. In-12 sur carré fin.

Chaque volume se vend séparément. 2 fr. 5o c.

BARRESWIL et DAVANNE. — **Chimie photographique**, contenant les éléments de Chimie expliqués par des exemples empruntés à la Photographie; les procédés de Photographie sur glace (collodion humide, sec ou albuminé); sur papiers, sur plaques; la manière de préparer soi-même, d'essayer, d'employer tous les réactifs, d'utiliser les résidus, etc.; 4e édit., revue, augmentée et ornée de fig. dans le texte. In-8; 1864. 8 fr. 5o c.

BERTRAND (J.), Membre de l'Institut. — **La Théorie de la Lune d'Aboul-Wéfâ.** In-4; 1873. 1 fr. 5o c.

Les astronomes arabes ont été presque exclusivement les disciples des Grecs, et leurs observations n'ont rien ajouté d'essentiel aux théories de Ptolémée. Telle était l'opinion commune des historiens avant la découverte du fragment d'Aboul-Wéfâ, signalé et traduit en 1831 par M. Sédillot. Faut-il admettre avec le savant orientaliste que l'astronomie arabe avait dès le xe siècle découvert une inégalité de la Lune signalée depuis par Tycho-Brahé, dont elle a été souvent citée comme la découverte capitale? Telle est la question, plusieurs fois discutée par les astronomes, dont les arguments sont reproduits et résumés dans cet opuscule. — M. Bertrand, entièrement d'accord avec M. Biot, pense qu'il n'y a rien à changer aux idées admises et que la découverte est illusoire.

BILLET (F.), Professeur de Physique à la Faculté des Sciences de Dijon. — **Traité d'Optique physique.** 2 forts volumes in-8 avec 14 planches composées de 337 figures; 1858-1859. 15 fr.

BIOT, Membre de l'Académie des Sciences et de l'Académie française. — **Traité élémentaire d'Astronomie physique.** 3e édition, corrigée et augmentée. 5 volumes in-8, avec 94 planches; 1857. 4o fr.

BRÜNNOW (F.), Directeur de l'Observatoire de Dublin. — **Traité d'Astronomie sphérique et d'Astronomie pratique.** Édition française publiée par *C. André*, Agrégé des Sciences physiques, Astronome adjoint de l'Observatoire de Paris, et *E. Lavas*, Agrégé des Sciences Mathématiques, Astronome adjoint à l'Observatoire de Paris; avec une Préface de M. C. *Wolf*, Astronome titulaire de l'Observatoire de Paris. 2 volumes in-8, avec figures dans le texte; 1869-1872. 2o fr.

PREMIÈRE PARTIE : **Astronomie sphérique**; 1869	1o fr.
SECONDE PARTIE : **Astronomie pratique**; 1872	1o fr.

BULLETIN MENSUEL DE L'OBSERVATOIRE PHYSIQUE CENTRAL DE MONTSOURIS, par M. MARIÉ-DAVY, Directeur.

Cette publication contient le détail des travaux effectués à l'Observatoire de Montsouris, et dont le résumé est publié chaque année dans l'*Annuaire météorologique et agricole*. Ces travaux comprennent :

1° La *Météorologie proprement dite* et la *Magnétisme terrestre*. Les méthodes employées sont discutées d'une manière complète; les instruments sont décrits et analysés; les résultats sont renfermés *in extenso* dans huit tableaux paraissant chaque mois et résumés dans un diagramme.

2° La *Physique de l'atmosphère*, c'est-à-dire l'étude des rayons de chaleur et de lumière que nous envoie le Soleil; des modifications que ces rayons éprouvent dans une atmosphère plus ou moins transparente, et des renseignements qu'on en peut tirer touchant l'état actuel de l'atmosphère et son état ultérieur. Les instruments imaginés par Arago, cyanomètre, polarimètre, photomètre, etc., sont renfermés nouveaux sont dessinés, décrits et discutés avec tous les soins qu'on en obtient.

3° La *Chimie de l'atmosphère* ou l'étude, par les procédés chimiques, de la composition de l'air et des eaux météoriques, ainsi que des progrès de la végétation, afin de baser sur des données de plus en plus précises l'examen des rapports qui existent entre les variations du temps au cours des saisons et le rendement des récoltes : c'est la Météorologie appliquée à l'Agriculture.

4° La *Micrographie de l'atmosphère* ou l'étude, par le microscope, des substances organiques ou inorganiques dont l'air est toujours plus ou moins chargé. On donne la description et le dessin des appareils employés.

Le Bulletin mensuel de l'Observatoire physique central de Montsouris, dont la publication a commencé le 1er janvier 1872, paraît chaque mois par fascicule grand in-4 de à 3 feuilles. L'abonnement est annuel et part de Janvier.

Prix de l'abonnement pour un an (12 NUMÉROS) :

Paris	6 fr.
Départements et Union postale	7 fr.
États-Unis de l'Amérique du Nord	8 fr.
Autres pays	9 fr.

CROVA (A.), Professeur à la Faculté des Sciences de Montpellier. — **Mesure de l'intensité calorifique des radiations solaires et de leur absorption par l'atmosphère terrestre.** Broch. in-4, avec 3 pl.; 1876. 4 fr.

Ce travail est précédé d'un historique des recherches qui ont été faites sur ce sujet, et de la discussion des diverses méthodes qui ont été employées pour mesurer l'intensité calorifique des radiations solaires. L'Auteur expose ensuite les méthodes d'observation et de calcul qu'il a adoptées dans ses recherches, et décrit les instruments dont il s'est servi. Un Chapitre est consacré au calcul des épaisseurs atmosphériques traversées sous diverses obliquités par les rayons solaires. Enfin la troisième Partie est consacrée à l'étude des variations diurnes et annuelles de l'intensité calorifique des radiations solaires à Montpellier, et à leur comparaison avec les résultats obtenus par d'autres observateurs; au calcul de la constante solaire et à celui des coefficients de transmissibilité des radiations solaires à travers l'atmosphère.

DAVANNE. — **Les Progrès de la Photographie.** Résumé comprenant les perfectionnements apportés aux divers procédés photographiques pour les épreuves négatives et les épreuves positives, les nouveaux modes de tirage des épreuves positives par les impressions aux poudres colorées et par les impressions aux encres grasses. In-8; 1877. 6 fr. 5o c.

DELAMBRE, Membre de l'Institut. — **Traité complet d'Astronomie théorique et pratique.** 3 volumes in-4, avec planches; 1814. 4o fr.

DIEN et FLAMMARION. — **Atlas céleste**, comprenant toutes les Cartes de l'ancien Atlas de Ch. Dien, rectifié, augmenté et enrichi de 5 Cartes nouvelles relatives aux principaux objets d'études astronomiques, par C. Flammarion, avec une *Instruction* détaillée pour les diverses Cartes de l'Atlas. In-folio, cartonné avec luxe, de 31 planches gravées sur cuivre, dont 5 doubles. 3e édition; 1877.

PRIX	EN FEUILLES, dans une couverture imprimée. 4o fr.
	CARTONNÉ AVEC LUXE, toile pleine. 45 fr.

Pour recevoir franco, par poste, dans tous les pays de l'Union postale, l'ATLAS *en feuilles* soigneusement enroulé et enveloppé, ajouter. 2 fr.

Les dimensions (o^m,5o sur o^m,35) de l'ATLAS *cartonné* ne permettent pas de l'expédier par la poste, cet Atlas *cartonné*, dont le poids est de 3^{kil},o, sera envoyé, aux frais du destinataire, soit par messageries grande vitesse, soit par tout autre mode indiqué.

On vend séparément un fascicule contenant :

Les 5 *Cartes nouvelles* de l'Atlas Céleste par C. Flammarion : I. Mouvements propres séculaires des Étoiles (Carte double); — II. Carte générale des Étoiles multiples, montrant leur distribution dans le Ciel (Carte double); — III. Étoiles multiples en mouvement relatif certain; — IV. Orbites d'Étoiles doubles et groupes d'Étoiles les plus curieux du Ciel; — V. Les plus belles nébuleuses du Ciel. Ces Cartes sont renfermées dans une couverture imprimée, avec l'*Instruction* composée pour la nouvelle édition de l'Atlas. 15 fr.

DUBOIS (Edm.), Examinateur-Hydrographe de la Marine. — **Les passages de Vénus sur le disque solaire**, considérés au point de vue de la détermination de la distance du Soleil à la Terre; *Passage de 1874*; *Notions historiques sur les passages de 1761 et 1769.* In-18 jésus, avec figures dans le texte; 1873. 3 fr. 5o c.

M. Dubois, autrefois Professeur d'Astronomie à l'École navale, aujourd'hui Examinateur de la Marine, a pensé qu'il rendrait service à ses anciens Élèves, ainsi qu'il le dit dans sa Préface, et aussi aux personnes studieuses que ces questions intéressent, en publiant sur les *Passages de Vénus* un travail suffisamment complet et faisant connaître au lecteur toutes les méthodes de calcul et d'observation qui peuvent conduire, de l'observation des phases d'un passage, à la connaissance aussi exacte que possible de la distance de la Terre au Soleil.

L'Ouvrage de M. Dubois ne pourra donc manquer d'être considéré par tous les hommes d'études, et pendant la période de temps qui va s'écouler jusqu'en 1882, comme une œuvre d'actualité très-importante, que voudront lire ceux qui sont au courant des formules mathématiques ordinaires. Pour être bien compris, cet Ouvrage n'exige, en effet, que les notions scientifiques que l'on donne dans toutes les Écoles du Gouvernement.

GAZAN (A.), ancien Élève de l'École Polytechnique, Colonel d'Artillerie en retraite. — **Constitution physique du Soleil**; explication de la formation et de la disparition des taches. In-8, avec 3 planches et figures dans le texte; 1873. 1 fr. 75 c.

GINOT-DESROIS (Mme). — **Description et usages du Calendrier astronomique perpétuel**, donnant le quantième des mois, les jours de la semaine, les phases de la Lune, la place du Soleil dans l'écliptique pour un jour donné, le lever, le passage au méridien, le coucher de ces astres et des étoiles, ainsi que les principales éclipses de Soleil visibles à Paris depuis 1858 jusqu'en 1874 dans l'ordre de leur grandeur et dimension. 2e édit., revue et augmentée d'indications nouvelles. In-8, avec le **Planisphère**; 1861. 5 fr.

GINOT-DESROIS (Mme). — **Planisphère mobile**, au moyen duquel on peut apprendre l'Astronomie seul et sans le secours des Mathématiques. 7e édition; 1847, sur carton. 4 fr.

HIRN (G.-A.), Correspondant de l'Institut. — **Théorie mécanique de la Chaleur.** Première Partie et seconde Partie.

PREMIÈRE PARTIE. — **Exposition analytique et expérimentale de la Théorie mécanique de la Chaleur.** 3e édition, entièrement refondue. In-8 grand raisin, avec figures dans le texte. Tome I; 1875. 12 fr.

Tome II; 1876. 12 fr.

SECONDE PARTIE (formant Ouvrage séparé). — **Conséquences philosophiques et métaphysiques de la Thermodynamique.** Analyse élémentaire de l'Univers. In-8 grand raisin; 1868. 1o fr.

HIRN (G.-A.). — **Mémoire sur les conditions d'équilibre et sur la nature probable des anneaux de Saturne.** In-4; 1872. 4 fr.

L'Auteur démontre que les anneaux ne peuvent être des solides d'une pièce; qu'ils pourraient être et qu'ils ont probablement été des corps liquides ou gazeux, mais qu'ils n'ont sous cette forme qu'une existence éphémère; enfin que la seule hypothèse qui réponde à tous les faits connus consiste à les considérer comme formés de parties solides, de petites dimensions, séparées les unes des autres par des intervalles vides, et décrivant chacune une orbite spéciale autour de la planète.

HOÜEL (J.). — **Sur le développement de la fonction perturbatrice** *suivant la forme adoptée par Hansen dans la théorie des petites planètes.* In-8; 1875. 3 fr.

INSTITUT DE FRANCE. — **Recueil de Mémoires, Rapports et Documents relatifs à l'observation du passage de Vénus sur le Soleil.** In-4°, avec 6 planches, dont 3 en chromolithographie; 1874. 12 fr. 5o c.

INSTRUCTION SUR LES PARATONNERRES, adoptée par l'ACADÉMIE DES SCIENCES. In-18 jésus, avec 58 figures dans le texte; 1874. 2 fr. 5o c.

Table des Matières :

Ire **Partie** (M. GAY-LUSSAC, rapporteur; 1823). — *Partie théorique :* Principes relatifs à l'action de la foudre ou de la matière électrique, et à celle des paratonnerres. — *Partie pratique :* Détails relatifs à la construction des paratonnerres. De la tige. Du conducteur du paratonnerre. Paratonnerres pour les églises. Paratonnerres pour les magasins à poudre et les poudrières. Paratonnerres pour les bâtiments de mer. Disposition générale des paratonnerres sur un édifice. Disposition générale des conducteurs des paratonnerres. Observations sur l'efficacité des paratonnerres.

IIe **Partie** (M. POUILLET, rapporteur; 1854 et 1855). *Supplément à l'Instruction sur les paratonnerres :* Note spéciale pour les bâtiments de mer. Note spéciale pour le palais de l'Exposition. — *Note spéciale pour les nouvelles constructions du Louvre.* — *Rapport sur les pointes des paratonnerres* de MM. Delouil père et fils.

IIIe **Partie** (M. POUILLET, rapporteur; 1867 et 1868). *Instruction sur les paratonnerres des magasins à poudre :* Propositions générales. Construction des paratonnerres. Dispositions spéciales. — *Instruction sur les paratonnerres du Louvre et des Tuileries :* Dispositions générales. Établissement du circuit des faîtes avec le sol. Tiges des paratonnerres et leur jonction avec le circuit des faîtes.

ATLAS CÉLESTE

PARIS. — IMPRIMERIE DE GAUTHIER-VILLARS,
Quai des Grands-Augustins, 55.

ATLAS CÉLESTE

COMPRENANT TOUTES LES CARTES DE L'ANCIEN ATLAS

DE

CH. DIEN,

RECTIFIÉ, AUGMENTÉ ET ENRICHI

DE

CARTES NOUVELLES DES PRINCIPAUX OBJETS D'ÉTUDES ASTRONOMIQUES :
ÉTOILES DOUBLES, MULTIPLES, COLORÉES, NÉBULEUSES ET GROUPES STELLAIRES,
MOUVEMENTS PROPRES DES ÉTOILES, ETC.;

PAR

CAMILLE FLAMMARION,

ASTRONOME, ANCIEN MEMBRE DE L'OBSERVATOIRE DE PARIS, ETC.

TROISIÈME ÉDITION.

PARIS,

GAUTHIER-VILLARS, IMPRIMEUR-LIBRAIRE

DE L'OBSERVATOIRE DE PARIS, DU BUREAU DES LONGITUDES,

SUCCESSEUR DE MALLET-BACHELIER,

QUAI DES AUGUSTINS, 55.

1877

CARTES COMPOSANT CET ATLAS.

AVERTISSEMENT DE LA PREMIÈRE ÉDITION.

Cet Atlas, le seul qui soit publié en France, contient plus de 100 000 étoiles et nébuleuses, dont 50 000 ont été observées à Paris par le célèbre *Jérôme de Lalande*. Les Cartes qui renferment ces étoiles ont pour projection un développement d'une sphère de 65 centimètres de diamètre. Le genre adopté pour la gravure a aussi été l'objet de perfectionnements. Ces améliorations consistent :

1° Dans l'étendue modérée et très-commode du format ;

2° Dans la division des Cartes, dont la surface présente un réseau de degrés suffisamment étendu pour recevoir sans confusion toutes les étoiles jusqu'à la 9° grandeur inclusivement, ainsi que les étoiles doubles, les étoiles multiples et les nébuleuses ;

3° Dans l'indication plus exacte de l'éclat des étoiles, qui sont figurées par des disques plus ou moins forts, ayant de petits traits ou rayons dont le nombre indique la grandeur : pour la première, un trait, pour la deuxième deux traits, etc ; et dans l'indication des nébuleuses, des étoiles doubles et multiples des étoiles variables, des étoiles périodiques, etc. au moyen de signes conventionnels dont l'explication est donnée par la légende placée au bas de la Carte de l'hémisphère boréal ; en particulier, les étoiles doubles sont indiquées par un trait incliné, et les étoiles triples, quadruples et quintuples par deux, trois et quatre traits. J'ai aussi tracé des figures géométriques liant de la manière la plus naturelle les principales étoiles de chaque constellation, afin d'en faciliter l'étude.

Mes Cartes s'étendent à toute la surface du Ciel, et non pas seulement à une zone restreinte voisine de l'équateur ou de l'écliptique, et elles contiennent la presque totalité des étoiles des catalogues de *Lalande, Herschel I, Piazzi, Harding, Struve, Bessel, Herschel II, Groombridge et Argelander*. Pour les constellations australes, j'ai eu recours aux catalogues de *La Caille* et de *Brisbane*.

Les étoiles ont été réduites au 1ᵉʳ janvier 1860, et déterminées avec soin sur les cuivres originaux. Afin de ne laisser aucune chance à l'erreur, j'ai préalablement dressé des Cartes manuscrites et individuelles pour chaque catalogue ; ce travail, qui a été fort long, a permis de reconnaître immédiatement toutes les étoiles de ces Cartes, et d'éviter les doubles emplois et les inexactitudes qui seraient résultées de la réduction des catalogues ou bien même de la gravure.

A la suite des 24 Cartes principales, destinées à donner l'exposition générale des constellations, on a placé la grande Carte du pôle austral, sur laquelle on a déterminé directement la position de toutes les étoiles du catalogue de *Brisbane*.

Je ne puis terminer ce long travail sans exprimer ma respectueuse reconnaissance aux astronomes éminents qui par leurs conseils et leurs travaux m'ont puissamment aidé dans l'exécution de cet Atlas :

A MM. Arago et William Struve pour les fréquents encouragements et les précieux avis qu'ils m'ont donnés ;

A M. Le Verrier pour l'autorisation qu'il m'a accordée pendant plusieurs années d'étudier le Ciel d'une manière plus approfondie à l'Observatoire impérial de Paris ; l'illustre Directeur a bien voulu, de plus, présenter cet Atlas au Conseil de l'Instruction publique qui, sur son rapport, l'a honoré d'une souscription ;

A M. Faye, qui a eu la bonté de laisser à ma disposition, pendant de longues années, des catalogues d'étoiles et des cartes d'une importance extrême pour l'exécution de l'*Atlas céleste*.

Ch. DIEN.

Paris, 1864.

REMARQUES SUR LA PUBLICATION DE CET ATLAS

PAR M. BABINET (DE L'INSTITUT).

Pour reconnaître dans le Ciel les constellations et les principales étoiles, ainsi que la marche des planètes, il est indispensable d'avoir des Cartes qui indiquent les différents groupes qui caractérisent les diverses régions du Ciel étoilé. Les figures d'hommes, d'animaux, d'êtres fantastiques, que l'on met en rapport avec chaque ensemble d'étoiles appelé *constellation* ou *astérisme*, n'ont la plupart du temps aucune ressemblance avec les objets dont ils portent le nom ; mais ces dénominations datent d'une si haute antiquité, qu'on a vainement essayé d'y substituer d'autres divisions moins arbitraires et moins bizarres. La Grande et la Petite Ourse, Pégase, Andromède, Cassiopée, Persée, le Bélier, le Taureau, le Lion, la Vierge, la Balance, le Scorpion, Orion, le Grand et le Petit Chien resteront en possession de notre Ciel comme de celui de l'antiquité, depuis la Bible, Homère, Hipparque et Ptolémée.

Je ne dois considérer ici cet Atlas que sous le rapport de la connaissance des étoiles les plus apparentes, des amas d'étoiles et des nébuleuses ; mais il est nécessaire d'ajouter que cet immense travail répond en outre aux besoins bien plus importants de l'Astronomie scientifique.

Nous devons à M. Gauthier-Villars la publication de ce grand travail, dont la perte eût été un malheur pour l'Astronomie. Cet éditeur, ancien élève de l'École Polytechnique, débute ainsi sur les traces de la maison Mallet-Bachelier qui, avec ses deux prédécesseurs, Courcier et Bachelier, a rendu aux Sciences, avec un grand désintéressement, des services dont le détail serait ici trop long. Le Catalogue de cette maison offre le tableau du mouvement scientifique de la France pendant plus d'un demi-siècle.

Cet Atlas peut être employé dans toutes les recherches de l'Astronomie pratique, à cause du grand détail de ses Cartes et du nombre immense d'étoiles de toutes grandeurs qui y sont inscrites. Le grand soin que l'auteur a apporté à placer toutes les nébuleuses rend cet Ouvrage unique pour la recherche des comètes, que l'on confond souvent avec ces faibles lueurs qui sont fixes. On chercherait en vain ces indications dans les autres Atlas publiés jusqu'ici. La grande échelle des Cartes permet aussi de pointer chaque jour la marche de tous les astres mobiles, tels que les planètes, comètes et petites planètes. Ces Cartes servent aussi à trouver sans trop de peine Uranus et Neptune, à prévoir les occultations d'étoiles par la Lune, etc., etc.

Pour reconnaître les Constellations, il faut commencer par celles du Nord, parce que celles qui sont vers le Sud sont souvent traversées par les planètes qui pourraient être prises pour des astres fixes et troubler la configuration marquée sur les Cartes. Il est souvent arrivé que des personnes peu expérimentées ont cru voir surgir de nouvelles étoiles dans certaines régions du Zodiaque, près de l'écliptique : c'étaient des planètes qui s'y trouvaient accidentellement. Les planètes se distinguent facilement des étoiles fixes, parce qu'elles n'ont point cette scintillation incessante qu'offrent les étoiles, et rien n'est plus curieux que de suivre pour Vénus, Mars, Jupiter et Saturne leur marche compliquée dans le Ciel en les rapportant aux étoiles fixes. Ces planètes sont tantôt en marche vers l'Orient, comme le Soleil et la Lune, tantôt stationnaires, tantôt rétrogrades vers l'Occident par des périodes qu'explique facilement le déplacement annuel de la Terre autour du Soleil ; mais la vérification de ces indications est une des choses les plus intéressantes pour l'Astronomie *à l'œil nu* et sans instruments, comme était celle des anciens Chaldéens et des premiers Égyptiens.

Sur les grandes Cartes détaillées de notre Atlas, les figures ne sont pas dessinées. On y a suppléé par deux planisphères, où l'on trouvera ces figures appliquées aux groupes des étoiles principales pour l'hémisphère nord et l'hémisphère sud. Il sera bon de rattacher l'aspect des constellations plutôt aux figures géométriques des lignes qui joignent les étoiles qu'aux animaux et objets de l'ancienne Astronomie grecque avec les adjonctions récentes.

BABINET (de l'Institut).

Paris, 1864.

AVERTISSEMENT DE CETTE NOUVELLE ÉDITION.

Malgré le grand soin apporté dans l'origine à la construction de cet *Atlas céleste*, le premier qui ait été publié dans ce genre, l'usage fréquent qui en a été fait par les astronomes a relevé de nombreuses lacunes, imperfections ou erreurs qui s'étaient glissées dans ce vaste travail, et qui sont d'ailleurs inséparables d'un premier labeur. D'un autre côté, depuis seize ans que ces Cartes ont été dressées, l'Astronomie a fait de grands progrès, principalement en ce qui concerne la connaissance des étoiles doubles et multiples, des étoiles variables et des mouvements propres. Il était important, autant à cause de l'estime méritée que le public a accordée à cette publication que pour répondre aux besoins actuels de la Science, de ne point réimprimer cet Ouvrage sans lui apporter les corrections et les augmentations nécessaires.

Pour citer quelques omissions ou erreurs qui ont rendu indispensable la vérification scrupuleuse de toutes les Planches, nous dirons seulement que, dans la Carte 24ᵉ par exemple, qui contient les étoiles de l'hémisphère austral, l'étoile de 1ʳᵉ grandeur α du Centaure était en erreur de 1 heure entière d'ascension droite. Sur cette même Carte, le brillant Canopus avait été oublié. Sur la Carte 9ᵉ l'étoile de 2ᵉ grandeur ε de Pégase avait été placée en erreur de 4 minutes de temps à l'est de sa véritable position. Plusieurs étoiles s'étaient trouvées également inscrites à côté de leur position normale. D'autres étaient dessinées de grandeurs différentes de celle qui leur appartient. D'autres encore, remarquables par leur duplicité, par leurs couleurs, ou par leur variabilité, n'étaient différenciées par aucun signe des étoiles ordinaires. Ailleurs les contours des constellations étaient erronés et enfermaient des astres appartenant de nom à des constellations voisines. Il a fallu remanier toutes les Cartes et retoucher tous les cuivres. Hâtons-nous de reconnaître, toutefois, que devant l'œuvre considérable de Dieu ces lacunes sont comparativement insignifiantes, car, malgré la plus scrupuleuse attention et les soins les plus patients, quel homme prétendrait ne commettre aucune erreur dans le placement de cent mille étoiles de toutes grandeurs, et dans le tracé des contours si arbitraires des constellations! Nous apprécions trop le mérite de l'auteur pour laisser croire ici même à une simple apparence de blâme à son égard; et tout ce qu'il importe que l'on sache, c'est que cette nouvelle édition a été l'objet d'une vérification attentive et minutieuse. Le nombre des corrections, additions ou rectifications notables faites sur les vingt-six Cartes s'élève à plus d'un millier, de sorte qu'on peut dire que cet Atlas a été entièrement refondu. Qu'il nous soit permis de remercier ici, pour l'aide qu'ils nous ont apportée dans ce travail, en particulier M. H. Barnout, astronome amateur, qui avait constaté une partie de ces erreurs dans une révision du Ciel à l'aide d'un télescope Foucault de 16 centimètres, et MM. Paul et Prosper Henry, astronomes de l'Observatoire de Paris, qui en avaient remarqué d'autres en construisant leurs Cartes écliptiques. Sans doute, bien des lacunes, bien des erreurs peut-être restent encore dans les cent mille étoiles de cet Atlas: nous prions avec instance les personnes qui en remarqueraient de nous les signaler pour les éditions futures.

Malheureusement il y a un changement que nous n'avons pu faire : c'est celui du mouvement de précession, qui déjà depuis seize ans a transporté le canevas des divisions d'un déplacement sensible sur les étoiles restées fixes en dessous, et qui par conséquent a déplacé, en apparence, les étoiles des coordonnées tracées sur ces Cartes pour la date de l'équinoxe de 1860. C'est d'ailleurs là le sort de toutes les Cartes célestes, et la différence est d'autant plus sensible et plus rapide que l'échelle adoptée est plus grande. Lors donc qu'il s'agira de fixer la position d'une planète, d'une comète, d'une variable nouvelle, d'un astre quelconque non inscrit sur ces Cartes, il importera de faire subir d'abord à cet astre la correction de précession nécessaire pour le ramener à l'équinoxe de 1860, auquel toutes les positions des étoiles de cet Atlas sont rapportées (1).

---

[1] Ce n'est pas là un calcul très-difficile à faire. La précession imprime le mouvement annuel suivant en ascension droite :

$$P = + 3^s,072 + [0,12612] \sin \text{Æ} \cot P,$$

formule dans laquelle Æ représente l'ascension droite moyenne, P la distance polaire et [0,12612] le nombre dont le logarithme est 0,12612.

La formule en distance polaire est plus simple encore :

$$P = - [1,30222] \cos \text{Æ}.$$

ou, en nombres ronds :

Pour	0.0....	− 20	Pour	6.0....	0	Pour	12.0....	+ 20	Pour	18.0....	0
»	1.0....	− 19	»	7.0....	+ 5	»	13.0....	+ 19	»	19.0....	− 5
»	2.0....	− 17	»	8.0....	+ 10	»	14.0....	+ 17	»	20.0....	− 10
»	3.0....	− 14	»	9.0.. .	+ 14	»	15.0....	+ 14	»	21.0....	− 14
»	4.0....	− 10	»	10.0....	+ 17	»	16.0....	+ 10	»	22.0....	− 17
»	5.0....	− 5	»	11.0....	+ 19	»	17.0....	+ 5	»	23.0....	− 19

Comme il ne s'agit que d'un petit nombre d'années, et que les planètes ne sont pas très-écartées de l'écliptique, on aura une approximation suffisante pour les placer sur ces Cartes, en diminuant leur ascension droite de 3 secondes de temps par an, et en appliquant à leur distance polaire la correction du petit tableau précédent, avec un signe contraire ; du reste, la plupart des catalogues d'étoiles publient ce mouvement, et tout amateur d'Astronomie possède l'un ou l'autre de ces catalogues et trouvera facilement la correction à appliquer à la planète en cherchant celle qui appartient à une étoile occupant sa position.

Outre la révision générale des Cartes anciennes de cet Atlas, nous avons enrichi cette nouvelle édition de Cartes inédites représentant les faits les plus importants, qu'une longue étude des progrès accomplis et à accomplir dans l'Astronomie sidérale nous a permis de mettre en évidence. Le premier travail que nous avons tenu à publier ici, c'est l'*aspect des mouvements propres des étoiles,* que nous avons obtenus en construisant une Carte générale du Ciel représentant ces mouvements, séparément calculés pour chaque étoile. On voit s'y révéler, par les perspectives changeantes des cieux, la translation séculaire du Soleil dans l'espace, et l'on y découvre les premières lois manifestées dans les mouvements stellaires, dans les groupes d'étoiles associées. C'est le commencement de l'étude du *système sidéral.* Nulle contemplation n'est plus imposante peut-être que celle de ces translations séculaires.

Les recherches spéciales sur les étoiles doubles, auxquelles nous nous sommes exclusivement consacré depuis cinq années consécutives, nous ont ensuite engagé à construire pour cet Atlas : 1° une Carte générale contenant *toutes les étoiles multiples* découvertes dans le Ciel jusqu'à ce jour, révélant leur mode de distribution sur la sphère céleste; et 2° une Carte particulière des couples stellaires dont les composantes sont *en mouvement relatif certain* l'une par rapport à l'autre. Ce sont là, sans contredit, les sujets les plus intéressants à observer. On trouvera à la description de ces deux Cartes les éléments principaux de ces curieux systèmes. Nous avons pris soin, d'ailleurs, d'indiquer sur toutes les Cartes de l'Atlas les couples les plus curieux à étudier, et faciles à observer dans les instruments de moyenne puissance.

A côté des étoiles multiples, il y a, dans le Ciel, d'autres curiosités qui ne peuvent manquer de captiver l'attention de ceux qui comprennent ces grandeurs: ce sont les *étoiles variables,* soleils à la lumière intermittente ou périodique, dont la surface lumineuse s'obscurcit sans doute de taches plus étendues que celles de notre Soleil, ou que des corps célestes voisins éclipsent en gravitant autour d'eux : les astronomes appartenant aux observatoires officiels ne peuvent pas d'ordinaire s'occuper de ces intéressantes observations, et la plupart des progrès réalisés jusqu'à ce jour dans la découverte comme dans l'étude de ces astres sont dus à des astronomes amateurs. Nous avons rédigé le Catalogue de ces astres, qui ont été gravés sur nos Cartes.

Parmi les plus intéressantes curiosités du Ciel étoilé, on peut signaler à juste titre les *groupes* d'étoiles (dont les Pléiades sont le plus beau type), les *amas* d'étoiles (dont celui d'Hercule offre un spécimen remarquable) et les *nébuleuses* (dont celle d'Orion offre un type si étrange). Plusieurs de ces objets célestes ne nécessitent pas de très-puissants instruments pour être admirés. Nous avons consacré l'une des planches de ce nouvel Atlas à la reproduction de ces groupes étoilés, et notre dernière Carte a été réservée aux nébuleuses les plus remarquables du Ciel. La description générale de l'Atlas va du reste donner le détail de chacune des Cartes qui le composent.

Le complément naturel de chacune de ces Cartes nouvelles serait de posséder les catalogues au moins sommaires des étoiles les plus remarquables du Ciel, telles que : 1° les étoiles doubles faciles à observer dans les instruments de moyenne puissance, 2° les étoiles doubles en mouvement certain, 3° les mouvements propres sûrement déterminés dans le Ciel entier, 4° les étoiles variables et périodiques, 5° les étoiles rouges. Ces catalogues ont été construits en même temps que ces Cartes, et nous espérons les publier prochainement, pour le plus grand intérêt de ceux qui aiment et comprennent les magnificences du Ciel étoilé.

Camille FLAMMARION

Paris, Décembre 1876.

PRINCIPALES CURIOSITÉS DU CIEL.

Le premier désir éprouvé par celui qui comprend l'intérêt grandiose des contemplations astronomiques et qui veut pénétrer directement lui-même dans le sanctuaire, c'est de connaître les principales et plus précieuses richesses du ciel étoilé, et de savoir vers quels points privilégiés il doit d'abord diriger son télescope. Le ciel est grand, les étoiles sont innombrables, et un Atlas comme celui-ci restera souvent sans utilité, si l'on ne sait quels sont les objets principaux qui sollicitent l'attention et qui peuvent occuper facilement et agréablement les heures destinées à être consacrées à la connaissance directe du Ciel (1).

Sans parler de la Lune, si intéressante à observer, surtout vers l'époque du premier quartier, du quatrième au dixième jour de la lunaison, lorsque le Soleil éclaire obliquement ses montagnes et ses cratères et projette leur ombre agrandie sur les plaines voisines; sans parler du monde de Jupiter, dont la surface varie si souvent, dont les quatre satellites alternent sans cesse de position autour de la planète; sans parler aussi des étranges anneaux de Saturne dont l'inclinaison change d'année en année, des phases de Vénus, des taches du Soleil et des sujets d'observation appartenant à notre système solaire, l'univers *sidéral* renferme des merveilles peu appréciées jusqu'à ce jour et bien dignes pourtant de captiver notre attention. Le premier rang parmi ces grandeurs célestes appartient sans contredit aux étoiles doubles.

Or il n'est pas nécessaire d'être muni d'instruments d'une très-forte puissance pour faire connaissance avec ces lointains systèmes stellaires. Quelques-uns peuvent être reconnus à l'aide d'une simple lunette d'approche, grossissant une cinquantaine de fois seulement. La plupart, et même les plus intéressants comme éclat et comme couleur peuvent être observés dans une lunette de 4 pouces, qui est l'instrument le plus habituel des astronomes amateurs, ou dans un télescope Foucault de 16 centimètres.

Ces systèmes, que l'on trouvera désignés avec soin sur nos Cartes par des caractères spéciaux, sont du plus haut intérêt à observer, et nous ne doutons pas qu'un grand nombre ne surprennent et ne saisissent d'admiration les esprits même les moins sensibles et les moins faciles à émouvoir. Qui pourrait, par exemple, contempler les merveilleuses étoiles colorées qui forment les groupes de γ d'Andromède, ou de β du Cygne, ou de δ de Céphée, ou de o² Éridan, ou de χ d'Orion ou de 24 Chevelure, ou de ε du Bouvier, ou bien les couples éblouissants de ζ de la Grande Ourse, δ Orion, ε de la Lyre, 11 Licorne, etc., sans ressentir cette impression de plaisir intime qui accompagne la contemplation des grands spectacles de la nature, surtout lorsqu'on songe que ces belles étoiles sont des soleils comme celui qui nous éclaire, souvent plus gigantesques et plus lumineux encore ?

Si les étoiles doubles et multiples constituent l'une des branches les plus intéressantes de l'Astronomie d'observation, et l'une des plus facilement accessibles à l'étudiant isolé et indépendant, les étoiles variables, périodiques ou intermittentes, forment un autre sujet non moins captivant et non moins fertile. Soleils mystérieux que l'éloignement seul réduit à de simples points lumineux, ils se trouvent dans un état de température et de constitution physique tel, que leur lumière n'offre pas la stabilité de celle de notre Soleil, mais subit des variations souvent considérables. Tel astre qui aujourd'hui brille d'un éclat de première grandeur va demain décroître, s'affaiblir, tomber aux dernières grandeurs de la visibilité, et devenir complétement invisible à

l'œil nu : c'est le cas de l'étoile η du Navire, dont la variation s'étend depuis la 1re jusqu'au delà de la 6e grandeur; c'est presque celui d'Algol, qui tombe de la 2e à la 5e, de μ de Céphée, qui varie de la 4e à la 6e, de R de l'Hydre, qui tombe de la 4e à la 11e, etc. Tel autre subit des variations périodiques si rapides qu'on peut facilement les reconnaître dans une observation successive de quelques jours seulement. C'est le cas de δ de la Balance, qui descend de la 5e à la 7e grandeur et remonte à la 5e en un cycle rapide de $2^j\,7^h\,51^m$; d'Algol, dont nous venons de parler, dont la périodicité n'est que de $2^j\,20^h\,49^m$; d'une étoile de la Girafe, dont la variation, de 4,9 à 5,6, s'exécute en $3^j\,10^h\,48^m$; de U de la Couronne, dont le cycle n'est que de $3^j\,10^h\,51^m$; de λ Taureau, δ Céphée, U, V et W du Sagittaire, et d'un grand nombre d'autres variables rapides dont les fluctuations sont extrêmement curieuses à suivre, soit au télescope, soit dans une petite lunette, soit même assez souvent à l'œil nu.

Il ne nous semble pas douteux que ces variations rapides d'éclat soient dues à une rotation de ces étoiles sur leur axe, amenant vers le rayon visuel une surface parsemée de taches obscurcissant plus ou moins l'éclat de l'astre. Ce mouvement est trop rapide pour pouvoir être attribué à des révolutions de corps obscurs. Cependant, si la masse et le volume de l'étoile ne sont pas considérables et de l'ordre des quantités reconnues pour le Soleil, on peut admettre l'hypothèse d'une éclipse partielle ou même totale produite par le passage d'un satellite ou d'un anneau de matières cosmiques. Si la planète Saturne, par exemple, était lumineuse par elle-même, et si son anneau était d'une épaisseur comparable au diamètre de la planète, les aérolithes qui le constituent pourraient, par une distribution variable de leur densité, obscurcir périodiquement le disque de l'astre, en une période rapide de $10^h\,30^m$ seulement.

C'est un fait digne d'attention qu'un grand nombre des variables sont rouges.

Après les étoiles doubles et les étoiles variables, le sujet d'études uranoscopiques le plus intéressant est offert par les étoiles colorées d'une nuance rouge plus ou moins prononcée. A part quelques étoiles brillantes, remarquées dès les plus anciens âges comme moins blanches que la majorité et douées de feux plus ou moins rouges, telles qu'Antarès, Aldébaran, α d'Orion, Pollux, etc., que nous trouvons désignées sous l'épithète *Subrussæ* dans les catalogues d'Hipparque et de Ptolémée, les astronomes n'avaient jusqu'en ces derniers temps prêté qu'une médiocre attention à ces colorations. Mais, depuis quelques années surtout, ces étoiles ont été l'objet d'une attention toute particulière, principalement parce qu'un très-grand nombre des étoiles variables offrent cette coloration; ce qui montre que la variabilité dépend en général non d'éclipses produites par des nuages cosmiques ou des corps obscurs passant devant ces étoiles, mais de la constitution physique même de ces soleils arrivés à une période de refroidissement où un grand nombre de taches commencent à obscurcir leur surface. Les premières recherches systématiques sur les étoiles rouges ont été faites en 1835 par sir John Herschel, pendant son séjour au Cap de Bonne-Espérance. Les dernières et les principales sont dues à l'astronome Schjellerup, de Copenhague, et datent de ces dernières années seulement.

Des heures agréables et des découvertes nouvelles attendent l'astronome amateur qui aura la bonne fortune de pouvoir consacrer les soirées transparentes dont nous jouissons quelquefois à l'examen télescopique de ces étranges soleils. Il est incontestable qu'un grand nombre restent encore à découvrir. L'observation devient doublement intéressante quand un compagnon bleu se montre à côté de l'étoile rouge, ou lorsque celle-ci, isolée, est une étoile variable.

Ce sont là, tracées dans une esquisse bien sommaire, les principales curiosités du Ciel étoilé. Examinons maintenant chacune de nos Cartes en particulier, et donnons-en la description spéciale.

---

(1) Le tome X de nos *Études sur l'Astronomie* (Paris, Gauthier-Villars) est exclusivement consacré à l'exposition des sujets les plus intéressants d'observation pour un amateur qui a à sa disposition quelques instruments d'Astronomie; nous y donnons la description principale de chaque constellation : étoiles doubles et multiples, colorées, variables; amas d'étoiles, nébuleuses, curiosités diverses. Ce petit volume a pour titre spécial : *Ce qu'il y a à voir au Ciel*. Mais nous avons cru utile d'en résumer les points principaux comme introduction à cet Atlas.

DESCRIPTION DES CARTES.

CARTE A (double).

Constellations de l'Hémisphère céleste boréal.

On a dessiné sur cette première Carte d'ensemble les figures dont l'ancienne Astronomie avait peuplé le Ciel. Ces figures sont purement conventionnelles et ont des origines diverses, comme nous l'avons exposé dans notre *Histoire du Ciel*. On les a même plusieurs fois modifiées, retournées, métamorphosées, dans le cours des générations et des siècles; elles n'offrent plus aujourd'hui qu'un intérêt de curiosité historique. Il vaut infiniment mieux indiquer la position d'une étoile par son ascension droite et sa déclinaison, même seulement approximatives, que l'endroit qu'elle occupe dans telle ou telle partie de telle ou telle figure. On a du reste perdu l'habitude de désigner les astres par ces indications surannées, comme l'aile de la Vierge, le bras d'Andromède, l'épaule d'Orion ou le pied de la Grande Ourse. Les dessinateurs ont même eu parfois la fantaisie de retourner les figures au lieu de les laisser de face. C'était de rigueur au moyen âge; mais, depuis cette époque, nous avons repris les élégants dessins de la sphère grecque, et pourtant parfois plusieurs figures sont encore retournées, comme Orion, Céphée, Persée, Hercule, sur cette Carte de l'hémisphère boréal dessinée par Ch. Dien. Il en résulte que, dans la description de la position des étoiles, on les désigne comme appartenant tantôt au bras droit, tantôt au bras gauche, tantôt au pied droit, tantôt au pied gauche, etc., etc. C'est donc seulement au point de vue de l'ensemble des constellations qu'il faut considérer cette Carte ainsi que la suivante.

CARTE B (double).

Constellations de l'Hémisphère céleste austral.

Cette seconde Carte contient l'autre moitié du Ciel et complète la vue d'ensemble des constellations. Les étoiles qu'elle renferme ne sont visibles au-dessus de l'horizon de Paris que jusqu'à 42 degrés de déclinaison australe; les extrêmes sont donc les étoiles Fomalhaut, γ de la Grue, β du Sagittaire, θ et π du Scorpion, θ du Centaure, la Machine pneumatique, π du Navire, π du Grand Chien, la Colombe et le Fourneau. Le reste est invisible sous nos latitudes. Les constellations circompolaires australes n'ont été formées qu'après la découverte de l'Amérique, et sont par conséquent modernes relativement à celles de l'ancienne sphère grecque et asiatique.

Sur ces Cartes d'ensemble, l'écliptique est marqué par sa courbe, le long de laquelle se succèdent les constellations du Zodiaque.

Nous avons ajouté sur ces deux hémisphères le tracé de la voie lactée, qui n'existait pas sur les éditions anciennes, et qui complète la physionomie du Ciel, surtout si l'on considère ses importantes variations de largeur et d'intensité, dont nous avons tenu compte avec soin.

CARTE N° 1.

La Petite Ourse et une portion du Dragon.

Tout le monde sait vers quelle région du Ciel le Soleil se trouve à midi. En tournant le dos au Midi et levant moyennement les yeux, on reconnaîtra la configuration de 7 étoiles dont 4 forment une espèce de carré long ou rectangle et sont le corps de la Petite Ourse; les 3 autres sont la queue, et la dernière, la plus brillante des trois, α, est l'étoile polaire, qui est à peu près fixe dans le Ciel, tandis que les 6 autres sont tantôt au-dessus, tantôt au-dessous ou à côté. La Polaire, actuellement distante du pôle d'environ 1° 23, en sera trois fois plus près

en l'an 2103, puis le pôle continuera de s'éloigner d'elle en vertu de la précession des équinoxes (1).

Comme il est très-important de s'assurer d'un point de départ bien connu, voyez dans la carte n° 4 une constellation (la Grande Ourse) qui a 7 étoiles très-brillantes et groupées comme celle de la Petite Ourse. Si, par les deux étoiles α et β, les plus éloignées de la queue, on fait passer une ligne allant de β à α et que l'on prolonge ensuite cette ligne, elle va passer très-près de la Polaire (un peu à gauche), et avec ces deux constellations bien connues, les alignements, qui sont très-soignés sur notre Atlas, feront connaître le reste du Ciel.

La Petite Ourse a deux étoiles remarquables, savoir : la Polaire, marquée α et l'étoile rougeâtre β, dont la teinte paraît variable, tantôt plus, tantôt moins foncée; β, comme α, est de 2° grandeur. Au milieu de Paris les lumières de l'huile et du gaz, qui sont sensiblement rouges, effacent la couleur des étoiles rougeâtres et font paraître bleue la lumière blanche de Sirius et celle de la Lune. Lalande a noté Sirius comme étoile bleue; mais en pleine campagne, loin des lumières artificielles, cette étoile, la plus brillante de toutes, est du blanc le plus pur.

Sur la même Carte, on voit le Dragon presque entier avec l'étoile α qui était l'étoile polaire à l'époque de la construction des Pyramides.

La Girafe n'offre que de petites étoiles, et, pour abréger, nous renverrons aux Cartes pour les constellations qui n'ont que des étoiles insignifiantes.

CARTE N° 2.

Andromède, Cassiopée, Persée.

Andromède a trois brillantes étoiles, dont la première vers l'Occident, α, est commune à la constellation de Pégase, où elle est désignée par δ. Au milieu d'Andromède, au-dessus de β et suivant les étoiles μ et ν, on arrive à la belle nébuleuse qui, avec celle d'Orion et parfois celle d'Hercule, est visible à l'œil nu.

Cassiopée a cinq étoiles brillantes formant un W très-ouvert. Près de α, en 1572, parut subitement la fameuse Pèlerine, dont l'éclat surpassa même Jupiter et Vénus, et qui s'éteignit complètement au bout de quelques mois; elle formait un losange parfait avec α, β et γ.

Il y a deux amas d'étoiles très-brillants entre Cassiopée et Persée. L'étoile β de Persée est variable et périodique et passe de la 2° grandeur à la 4°. Elle est ordinairement de la 2° grandeur ainsi que α. Nous avons signalé plus haut γ d'Andromède comme une étoile triple très-remarquable.

CARTE N° 3.

Le Cocher, le Lynx, le Télescope d'Herschel, la Girafe.

Le Cocher a une étoile de 1re grandeur appelée *Capella* ou *la Chèvre* et une de 2° grandeur β. A côté de la Chèvre est un petit triangle isocèle très-allongé, formé par ε, δ, ζ, qui sert à le faire reconnaître tout de suite. L'étoile γ du Cocher de 2° grandeur est la même que l'étoile β du Taureau.

Le Lynx, le Télescope d'Herschel, la Girafe n'ont aucune étoile remarquable.

CARTE N° 4.

La Grande Ourse, le Petit Lion.

La Grande Ourse a sept étoiles; six sont de 2° à 3° grandeur, α est légèrement variable, et δ, actuellement de 4° grandeur, paraît diminuer d'éclat de siècle en siècle. L'étoile ζ se nomme aussi Mizar;

<hr>

(1) *Voir nos Études sur l'Astronomie*, t. VI, p. 108, où nous avons donné une Carte spéciale de la marche du pôle.

tout près d'elle, une bonne vue distingue une petite étoile très-voisine, qu'on nomme souvent le Cavalier. La grande étoile ζ elle-même se divise au télescope en deux autres : c'est la plus belle étoile double du Ciel boréal. La plus brillante des Lévriers, dite *le Cœur de Charles* (voir Carte n° 5), est aussi double. L'étoile ξ, du pied de derrière de l'Ourse, est double ; les deux composantes tournent l'une autour de l'autre en 60 ans 7 mois.

CARTE N° 5.

La Chevelure de Bérénice, les Lévriers, le Bouvier, la Couronne.

Le Bouvier a une étoile très-brillante et de 1re grandeur ; c'est Arcturus, qui partage avec Véga le sceptre du Ciel boréal : elle est d'un rouge assez marqué, qui n'est guère sensible à Paris, au milieu des lumières artificielles qui sont aussi rougeâtres.

La Couronne a une étoile de 2e grandeur α dite *la Perle*, et une étoile remarquable n de 6e grandeur qui est double et dont les deux étoiles composantes tournent en 40 ans l'une autour de l'autre.

CARTE N° 6.

Le Dragon, Hercule, la Lyre.

L'étoile de 2e grandeur γ du Dragon passe au zénith de Londres et sert à plusieurs déterminations astronomiques. Entre η et ζ d'Hercule, environ à un tiers de la distance à partir de η en allant vers ζ, est une très-belle nébuleuse que le télescope décompose en plusieurs milliers d'étoiles : α est variable d'éclat.

La Lyre a une étoile de 1re grandeur, Wéga ou Véga, avec un petit quadrilatère oblique δ, ζ, β et γ. A côté on doit remarquer ε, étoile doublement double, extrêmement curieuse à observer.

CARTE N° 7.

Le Serpentaire (Ophiuchus) et le Serpent.

La tête du Serpentaire est voisine de celle d'Hercule. Il est difficile de distinguer les deux figures de cette Carte, qui sont tout à fait entre-mêlées, à moins d'un catalogue ou d'une contemplation très-exercée. Il faut se faire à soi-même quelques points de repère. Avec des teintes au crayon, qui laissent en blanc le Serpentaire en couvrant le Serpent, on différencie assez bien les étoiles des deux constellations.

CARTE N° 8.

Le Cygne, le Lézard.

L'étoile α est presque de 1re grandeur. L'étoile β sous la Lyre est de 3e grandeur, double et colorée : c'est une curiosité du Ciel étoilé. Près de σ et de τ est l'étoile marquée 61, la première dont on ait mesuré la distance, qui est 403600 fois plus grande que celle du Soleil. Cette étoile est une double célèbre par son mouvement : elle se meut d'un mouvement propre rapide à travers l'espace ; mais j'ai constaté avec surprise que ses deux composantes se meuvent en ligne droite, et ne tournent pas l'une autour de l'autre, comme les astronomes le pensaient.

CARTE N° 9.

L'Aigle, le Dauphin, le Petit Cheval.

L'Aigle a une étoile de 1re grandeur entre deux autres de 3e, mais l'étoile β, qui était la deuxième pour l'éclat au temps de Bayer (en 1600), est maintenant inférieure à γ.

A l'Orient de l'Aigle est le Dauphin avec 5 étoiles dont 4 font un losange assez parfait ; la 5e est plus au Midi. On compare souvent cette petite constellation à un cerf-volant. Les 5 étoiles sont de la 3e et de la 4e grandeur ; c'est un petit groupe bien défini et qui sert de point de départ pour reconnaître d'autres constellations, et surtout par un Ciel parsemé de nuages, qui ne permet pas les grands alignements.

CARTE N° 10.

Le Bélier, le Taureau, la Mouche.

Le Bélier la première des constellations du Zodiaque, a 3 étoiles, α, β, et γ, qui est double ; α est de 2e grandeur. Le Bélier n'est plus à l'équinoxe de printemps. Ce sont aujourd'hui les Poissons qui occupent le point du Ciel où le Soleil passe de l'hémisphère Sud dans l'hémisphère Nord.

Le Taureau a une étoile de 1re grandeur, Aldébaran, et une de 2e grandeur, β, qui se confond avec l'étoile γ du Cocher. L'amas d'étoiles qui forme les Pléiades sur le dos du Taureau est très-célèbre, et marquait chez les anciens le temps de la moisson et plus tard des semailles. La Lune occulte souvent les étoiles de ce groupe, et, malgré leur proximité apparente, elle n'en couvre qu'un petit nombre à chaque fois.

CARTE N° 11.

Les Gémeaux, le Cancer, la Tête de l'Hydre, le Petit Chien.

L'étoile α des Gémeaux est double et orbitale ; c'est Castor, aujourd'hui moins brillant que β qui est Pollux. Ainsi que α du Cygne, Pollux est presque de 1re grandeur. Dans le Cancer, à droite de la ligne qui joint γ et δ (à l'Occident), est un amas d'étoiles peu resserrées que les anciens appelaient la *Crèche* (Præsepe) ou bien *l'Essaim d'Abeilles*. Le Soleil passe un peu au-dessous de δ.

Le Petit Chien, ou Procyon, a une étoile de 1re grandeur, α, et une de 2e, β. Les autres sont peu remarquables. Cette constellation, ainsi que le Grand Chien et le Lion, était redoutée comme l'époque des grandes chaleurs. Les poëtes les mentionnent continuellement.

CARTE N° 12.

Le Lion.

Brillante constellation, un peu au-dessus de l'écliptique. Régulus, ou le Cœur du Lion, marqué α, est de 1re grandeur, β et γ de 2e. Cette dernière est double et révolutive avec une longue période. Toute la partie occidentale du Lion est assimilée assez bien à une faucille. Du temps de Ptolémée et des Arabes, β était de 1re grandeur comme α et portait le nom de *Sareah*.

CARTE N° 13.

La Vierge, la Balance, le Corbeau.

La Vierge est une longue constellation couchée le long de l'écliptique, avec une étoile de 1re grandeur, d'un blanc très-pur, α ou l'Épi de la Vierge. L'étoile γ est double et orbitale : j'ai tout récemment trouvé 175 ans pour le chiffre certain de sa période. Dans cette région il y a un grand nombre de petites nébuleuses télescopiques, très-exactement notées sur notre Atlas.

Le Corbeau est un quadrilatère bien reconnaissable, surtout par l'étoile voisine de δ et marquée η.

Les deux étoiles principales de la Balance, α et β, sont de 2e grandeur. L'équinoxe d'automne, qui aujourd'hui est dans la Vierge, était autrefois dans la Balance. Toutes les étoiles zodiacales semblent glisser le long de l'écliptique sans s'en éloigner ou s'en rapprocher. Ainsi la Balance est maintenant au-dessous de l'équateur. En treize ou quatorze mille ans, les constellations zodiacales d'été, au Nord de l'équateur, passent au Sud, et *vice versd* ; alors nos constellations d'hiver deviennent celles de l'été : c'est la grande découverte d'Hipparque.

CARTE N° 14.

La Balance complète, une grande portion du Serpentaire (Ophiuchus).

Le quadrilatère de la Balance et les 7 étoiles d'Ophiuchus qui montent en ligne oblique servent à distinguer le Serpentaire du Serpent. Il faut suivre avec attention les limites de ces deux astérismes entremêlés. La constellation d'Ophiuchus renferme entre autres l'importante étoile double 70 p, dont j'ai récemment calculé l'orbite et déterminé la masse.

CARTE N° 15.

Le Scorpion.

L'étoile α de la 1re grandeur, appelée *Antarès* ou *le Cœur du Scorpion*, est rougeâtre ; β est de 2e grandeur ainsi que γ. Cette brillante constellation monte peu sur notre horizon ; λ (voisine de ν), qui paraît ici de 3ᵉ grandeur, est sans doute de la 2ᵉ. On assimile α avec les étoiles à droite à un râteau ; ζ est double et remarquable.

A droite et en bas de la Carte est θ du Centaure, que les amateurs cherchent à voir, l'été, quand à l'horizon l'air est bien transparent.

CARTE Nº 16.

Le Sagittaire, la Couronne australe.

Les 5 étoiles β, ε, δ, λ, μ font l'arc du Sagittaire. En haut, près de μ, une très-belle nébuleuse. Le Sagittaire est une constellation peu étudiée en Europe, où elle est très-basse. Elle possède entre autres trois curieuses étoiles variables de périodicité rapide.

CARTE Nº 17.

Le Capricorne, le Verseau, le Poisson austral.

Le Capricorne est surtout indiqué par les 2 étoiles de la tête, α et β ; α est l'assemblage de 2 étoiles assez belles ; avec une lorgnette de spectacle, on distingue très-bien ces deux α. Le Verseau n'a rien de remarquable que ce qui est sur la Carte ; à β et à α du Capricorne il faut joindre γ et δ, qui sont sous le Verseau.

Au-dessous est une étoile de 1ʳᵉ grandeur, *Fomalhaut*, mot arabe qui signifie *Bouche du Poisson ;* elle est visible en hiver sur l'horizon de Paris. Le Poisson austral n'a pas d'autre étoile brillante.

CARTE Nº 18.

Le Carré de Pégase, les Poissons

Pégase a 4 étoiles de 2ᵉ grandeur, dont la 4ᵉ, δ, forme l'a d'Andromède ; vers les deux coins α et β sont les 2 étoiles ζ et η qui caractérisent bien le carré.

Les Poissons n'ont de remarquable que l'étoile double α, de 3ᵉ grandeur. On remarquera le pentagone d'étoiles de 4ᵉ grandeur qui suit β et la série qui remonte vers Andromède en partant de α.

CARTE Nº 19.

La Baleine.

α et β sont de 2ᵉ grandeur, ainsi que ο, quand cette étoile variable est à son maximum d'éclat qui dure peu ; on la nomme *Mira Ceti*, la Merveilleuse de la Baleine : c'est un astre curieux à suivre pour les amateurs. Dans cette région il y a plusieurs nébuleuses, toutes télescopiques.

CARTE Nº 20.

Éridan, le Lièvre, la Colombe.

Éridan part de β d'Orion, étoile de 1ʳᵉ grandeur, et s'étend entre la Baleine et Orion et au-dessous de cet intervalle. Pas d'étoiles au-dessus de la 3ᵉ grandeur ; mais plus bas il y a une étoile de 1ʳᵉ grandeur, Achernar, invisible en Europe et que l'on trouvera dans la Carte des étoiles australes.

Il n'y a point d'étoile brillante dans le Lièvre ; mais la Colombe a une belle étoile de 2ᵉ grandeur savoir α, très-visible à Paris.

CARTE Nº 21.

Orion, le Petit Chien déjà vu (Carte nº 11).

Orion est la plus belle constellation du Ciel ; il figure un grand carré long ayant 2 étoiles de 1ʳᵉ grandeur α (Bételgeuse) et β (Rigel), deux de 2ᵉ, et au milieu du quadrilatère 3 étoiles de 2ᵉ grandeur à peu près équidistantes et en ligne droite. Près de θ est la célèbre nébuleuse ; α est variable d'éclat, mais il reste toujours de 1ʳᵉ grandeur. Au moment où Napoléon était populaire en Allemagne, les Universités allemandes ont proposé de substituer au nom d'*Orion* celui de *Napoléon*. Elles ont bien changé depuis !

CARTE Nº 22.

Le Grand Chien, la Licorne.

Sirius, à la tête du Grand Chien est de beaucoup la plus belle étoile du Ciel ; il est presque double de Canopus ; ε, de la même constellation, est presque de 1ʳᵉ grandeur ; c'est dans l'autre hémisphère que cette brillante constellation se montre dans tout son éclat. De siècle en siècle, Sirius va s'abaisser vers le Midi, et dans quelques milliers d'années il deviendra invisible pour l'Europe.

Il n'y a rien à dire de la Licorne.

CARTE Nº 23.

L'Hydre, la Coupe, le Corbeau déjà vu.

La Coupe et le Corbeau sont portés sur l'Hydre, qui a une belle étoile de 2ᵉ grandeur, α ou le Cœur de l'Hydre, dont autrement le nom est *Alphard*. L'Hydre a un nombre immense de petites étoiles dont près de 80 se voient à l'œil nu ; c'est une des configurations les plus malheureuses. ε est double et un peu au-dessous de la 3ᵉ grandeur ; γ est de 3ᵉ grandeur.

CARTE Nº 24.

Planisphère des étoiles australes.

Les constellations les plus remarquables sont : le Centaure, avec 2 étoiles de 1ʳᵉ grandeur α et β ; θ du Centaure est visible en Europe. On a mesuré la distance de α du Centaure au Soleil. Cette étoile, la plus voisine de nous, est encore à plus de 226000 fois la distance du Soleil à la Terre.

La Croix du Sud, petite constellation de 4 étoiles, dont 2 sont presque de 1ʳᵉ grandeur. Ces brillantes étoiles étaient autrefois mises aux pieds de derrière du Centaure.

L'extrémité d'Éridan arrive à une étoile de 1ʳᵉ grandeur, Achernar.

Il y a encore 2 étoiles de 1ʳᵉ grandeur dans le Navire, savoir : Canopus, qui se voit à Cadix et à Gibraltar, en Europe, et l'étoile η, singulièrement variable et qui passe de la 6ᵉ grandeur à un éclat égal à celui de Sirius. Il n'est rien de bizarre comme les variations de cette étoile ; elle est marquée dans le planisphère Sud.

CARTE Nº 25 (double).

Mouvements propres séculaires des étoiles.

Les idées que nous avons eues jusqu'ici sur les étoiles et sur le Ciel doivent désormais subir une transformation complète, une véritable transfiguration. *Il n'y a plus d'étoiles fixes.* Chacun de ces soleils lointains allumés dans l'infini est emporté par des mouvements immenses que notre imagination peut à peine concevoir. Malgré les trillions de lieues qui nous séparent de ces soleils, et qui les réduisent pour notre vue à de petits points lumineux (quoiqu'ils soient aussi vastes que notre propre Soleil, et soient des milliers et des millions de fois plus gros que la Terre), le télescope et le calcul viennent de les saisir et de constater qu'ils sont tous en marche, dans toutes les directions possibles. Le Ciel n'est plus immuable ; les constellations ne nous représenteront plus le symbole de l'ordre absolu et indestructible, le spectacle de la nuit étoilée ne nous montrera plus le repos et l'inertie. Non : toutes ces étoiles sont des soleils brûlants, foyers de chaleur et de lumière laboratoires de combustions inouïes, qui sans cesse lancent autour d'eux des foyers d'une lumière intarissable, distribuent les effluves de la vie aux planètes qui les environnent, et qui par-dessus tout se meuvent rapidement dans l'espace, en emportant avec eux les systèmes dont ils forment les centres de gravité.

Pour apprécier ces mouvements, non-seulement en ce qui concerne chaque étoile en particulier, mais surtout au point de vue de l'ensemble et de la transformation lente que les cieux doivent subir, j'ai construit une Carte spéciale renfermant toutes les étoiles des deux hémisphères célestes, pour lesquelles le calcul du mouvement propre a pu être fait. J'ai choisi la détermination la plus sûre et la mieux fondée ; et comme ces mouvements sont si lents qu'ils sont presque insensibles pour une durée d'un siècle, j'ai fait le calcul de chacun d'eux pour une durée de 50000 ans, en supposant que les mouvements se continuent en lignes droites tels qu'on les a constatés jusqu'ici. Ils sont si lents, en vérité, que même pour une aussi longue période la plupart des flèches ne mesurent que quelques millimètres.

Cette Carte représente donc les mouvements séculaires des étoiles. La direction et la vitesse du mouvement de chaque étoile ont été calculées d'après les variations en ascension droite et en distance polaire constatées par les meilleures observations faites dans les deux hémisphères.

Elle renferme toutes les étoiles dont les mouvements propres ont été sûrement déterminés et atteignent au moins $0^s,005$ en Æ et $0'',1$ en D. P. Ont été appliqués à sa construction : 1° les mouvements propres calculés des catalogues de Greenwich par Main, Dunkin et Stone ; 2° ceux combinés de Piazzi, Argelander et du B. A. C. ; 3° ceux de William Struve pour les étoiles doubles ; 4° ceux des catalogues de Galloway, de Jacob, de Stone et de Melbourne pour l'hémisphère austral ; 5° ceux que j'ai calculés moi-même d'après l'analyse des étoiles doubles en mouvement par perspective. J'ajouterai que je n'ai épargné aucun travail, souvent même fort long et très-pénible, pour arriver à connaître et à utiliser tous les documents relatifs à cette question.

La grande majorité des mouvements propres étant extrêmement lents, chacun d'eux a été calculé pour une durée de 5000 ans, afin que les déplacements soient sensibles et que les différences de vitesse se présentent au premier coup d'œil. A chaque étoile est attachée une flèche qui indique la direction du mouvement et sa valeur pour l'intervalle de temps fixé. Non-seulement la flèche montre la marche successive de l'étoile suivant un arc de grand cercle, mais encore l'extrémité de la flèche indique le point où chaque étoile devra se trouver dans 50000 ans, si le mouvement déterminé par les observations se continue tel que nous le connaissons, — ce qui est probable pour l'immense majorité, cette durée étant en réalité très-courte pour de telles grandeurs.

La position actuelle de chaque étoile a été calculée pour l'équinoxe de 1880.

Le mouvement propre de chaque étoile a été calculé, tant en ascension droite qu'en distance polaire, en admettant la valeur adoptée lorsqu'on est d'accord sur cette valeur, en choisissant la plus récente ou la plus sûre lorsqu'il y a divergence de résultats, ou en prenant la moyenne lorsqu'il n'y a aucun motif déterminant en faveur d'une valeur spéciale.

Pour tous les grands mouvements, chaque arc de grand cercle a été déterminé directement par le calcul.

Quelques-uns de ces mouvements propres sont véritablement extraordinaires. Ainsi l'étoile 1830 Groombridge, située actuellement à 51° de distance polaire, dans la Constellation de la Grande Ourse, va traverser la Chevelure de Bérénice, la Vierge, l'équateur, passer dans l'hémisphère austral, traverser l'Écliptique, l'Hydre, le Centaure, et atteindre le Loup, non loin des régions du pôle austral, par 135° de distance polaire, après avoir parcouru le quart de la sphère céleste. Les deux étoiles associées qui constituent le système stellaire non orbital de la 61° du Cygne vont sortir du Cygne, traverser le Lézard, les Honneurs de Frédéric, Cassiopée, pour passer au-dessus d'Algol et atteindre l'Étoile ν de Persée, après avoir parcouru $71°,5$ d'un grand cercle de la sphère en se séparant lentement l'une de l'autre. L'étoile triple 40 ο² Éridan (formée d'une étoile de 4° grandeur et d'un couple de deux étoiles de 10° grandeur, éloigné de 82″, et gravitant lentement autour de sa primaire, tandis que ces deux composantes tournent très rapidement l'une autour de l'autre) est animée d'un mouvement propre extrêmement remarquable, qui l'emporte avec une vitesse de plus de 4° par an dans la direction de l'étoile α du Phénix. L'étoile 21185 Lalande, située à 53° de distance polaire, va, comme 1830 Groombridge, sortir aussi de l'hémisphère boréal pour pénétrer jusqu'au delà. L'étoile 21258 Lalande, partant de la même région que la précédente et 1830 Groombridge, et située actuellement sur XIʰ d'Æ, va rétrograder sur Xʰ, IXʰ, VIIIʰ, VIIʰ, VIʰ, pour arriver dans la constellation du Cocher. L'étoile μ de Cassiopée se dirige à grande vitesse vers Algol et les Hyades, parmi lesquelles elle se rangera après la période de temps que nous avons choisie pour terme. L'étoile la plus rapprochée de nous, la célèbre double α du Centaure, se fait remarquer dans l'hémisphère austral par la vitesse de son mouvement propre ; ε de l'Indien se dirige rapidement vers le pôle austral qu'elle atteindra dans 50000 ans, précisément lorsque la précession aura ramené ce pôle au point qu'il occupe aujourd'hui. Les étoiles qui viennent ensuite dans l'ordre des vitesses, et dont le mouvement séculaire est également considérable, sont : 1044, 8168 BAC, 34 Groombridge, 793 BAC, 25372 Lalande, Arcturus, 7443 Lalande 3077 Bradley, 4923 BAC, etc., qui, dans l'intervalle indiqué, auront traversé des constellations entières. Toutes ces étoiles se sont déplacées depuis le catalogue d'Hipparque de plus de deux fois le diamètre de la Lune.

Le premier fait qui s'impose à notre attention dans l'examen de ces grands mouvements propres, c'est que les plus considérables n'appartiennent pas aux étoiles de 1re ou de 2e grandeur, mais à des astres de 6e, 7e et 8e ordre. Sur les soixante plus forts mouvements propres du Ciel, les grandeurs d'étoiles se partagent comme il suit :

1re	4
2^e	1
3^e	3
4^e	5
5^e	7
6^e	13
7^e	14
8^e	9
9^e	4

Les sept plus forts appartiennent respectivement à des astres de 7e, 5e, 6e, 7e, 8e, 4e et 6e grandeur. α du Centaure ne vient qu'après ; Arcturus n'est que le 13e ; Sirius le 29e et Procyon le 38e. C'est là un indice à peu près sûr que les idées généralement admises sur la distribution des étoiles dans l'espace par ordre de grandeur doivent être modifiées, et que les plus brillantes ne sont pas les plus rapprochées, ni les moins brillantes les plus éloignées.

Un second fait frappe également dès la première inspection de cette Carte : c'est qu'il y a dans l'espace des associations d'étoiles (pour lesquelles j'ai proposé le nom de *systèmes sidéraux*), qui sont formées d'astres animés d'un mouvement propre commun, quoique éloignés les uns des autres de plusieurs degrés. Telle est la région qui s'étend de la 61° et de ε du Cygne jusqu'à Cassiopée et Persée, dans laquelle on voit un grand nombre d'étoiles emportées dans une même direction moyenne par des mouvements propres considérables ; direction faisant un angle de 35° environ avec celle du mouvement du Soleil et par conséquent non due à la perspective de ce mouvement. Un autre système sidéral moins rapide, mais aussi sensible, se voit vers IXʰ d'Æ et 40° de D. P. Un autre se voit sur les cinq étoiles β, γ, δ, ε et ζ de la Grande Ourse, lesquelles, avec quelques autres de moindre éclat, sont animées aussi d'un mouvement propre analogue. Un autre exemple bien remarquable se voit sur l'hémisphère austral, vers XVIIIʰ d'Æ, où les étoiles sont partagées entre deux courants rectilignes et de sens contraires.

Indépendamment de ces grands systèmes sidéraux, il y a des groupes plus resserrés d'étoiles associées dans un mouvement propre commun et que j'ai désignés sous le nom de *systèmes stellaires*. Tels sont les groupes de :

30 Scorpion et 36 A Ophiuchus,
7510 B. A C. et 2801 Σ,
ζ¹ et ζ² du Réticule,
ζ Grande Ourse et Alcor,
ο² Éridan et son compagnon,
50 Persée et B. A. C. 1265,
γ¹ du Verseau et 2993 Σ,
Régulus et son compagnon,
μ¹ et μ² Bouvier,
ε¹ et ε² Lyre,
ν¹ et ν² du Dragon,
Les Pléiades.

Ces systèmes stellaires comprennent les groupes d'étoiles associées dont la distance angulaire dépasse $1'$ et est inférieure à $1°$. Les systèmes sidéraux renferment ceux dont la distance surpasse $1°$. Au-dessous de $1'$, le nom d'étoiles doubles ou multiples peut facilement être conservé, en ayant soin d'indiquer si le système est orbital ou s'il est parallactique. Lorsqu'il n'est ni orbital, ni parallactique, et que les composantes sont animées d'un mouvement propre commun, il me paraît logique d'étendre à ces groupes la désignation de *systèmes stellaires*.

L'une des conséquences intéressantes de la variété des mouvements propres est que les constellations changent de forme de siècle en siècle ; il en est qu'on ne reconnaîtrait plus dans un intervalle de seulement 50000 ans. C'est ce qui est rendu très-évident par les dessins que j'ai construits.

Afin de reconnaître l'influence des mouvements propres généraux des étoiles sur la valeur du mouvement propre du Soleil dans l'espace, et réciproquement, j'ai calculé la moyenne des résultats divers obtenus sur la direction de ce mouvement, et j'ai indiqué par 260° d'Æ et 55° de distance polaire le point vers lequel le Soleil nous emporte ; puis, après avoir tracé sur une sphère céleste des cercles équidistants de 15° en 15° autour de ce point son équateur, son antipode et des cercles de 15° en 15° aussi autour de cette antipode, j'ai tracé sur les Cartes des deux hémisphères des flèches indiquant la direction opposée à celle du Soleil autrement dit la direction apparente que la translation du système solaire dans l'espace donnerait aux étoiles supposées fixes.

Ce sont les flèches isolées distribuées sur la Carte. On peut reconnaître que la grande majorité des étoiles se déplace dans ce sens, mais qu'à travers cette moyenne générale les mouvements les plus variés en direction et en grandeur sillonnent en tous sens la sphère céleste.

Afin de reconnaître s'il y a une différence de mouvements propres entre les étoiles simples et les étoiles doubles, j'ai distingué celles-ci en les entourant d'un petit cercle, lorsque ce sont des doubles physiques en mouvement propre commun. La discussion que j'ai faite récemment à cet égard m'a permis de reconnaître les groupes de perspective : je les ai indiqués en plaçant à côté de l'étoile un point à la position angulaire de l'étoile secondaire. Or le résultat général montre qu'il y a plus d'étoiles doubles sur cette Carte qu'il ne devrait y en avoir. Est-ce parce que l'attention s'est portée sur ces étoiles de préférence aux étoiles simples et qu'elles ont été observées plus fréquemment et avec plus de soin ? Il est probable cependant qu'en moyenne elles marchent plus vite; mais il ne faudrait pas en conclure pour cela que les mouvements propres les plus rapides leur appartiennent, car ce sont des étoiles simples qui en sont animées. Voici les plus rapides :

1830 Groombridge (simple).
61° Cygne (système stellaire).
21185 Lalande (simple),
21258 Lalande (simple),
o² Éridan (double),
μ Cassiopée (simple),
α du Centaure (double).
34 Groombridge (simple),
7044 B. A. C. (simple),
8168 B. A. C. (simple),
793 B. A. C. (simple),
25372 Lalande (simple).

Tous ces mouvements sont classés et publiés dans un catalogue spécial.

On a là un commencement de recherches de l'organisation des systèmes sidéraux. Il est à espérer que plusieurs astronomes se consacrent à la continuation de ces recherches et fassent avancer la Science au delà de ce premier pas.

CARTE N° 26 (DOUBLE).

Distribution des étoiles multiples dans le Ciel.

Pour apprécier le nombre et la distribution des étoiles multiples, j'ai construit cette Carte générale comprenant toutes les étoiles multiples découvertes jusqu'à ce jour. Nous ne pouvons plus aujourd'hui considérer les étoiles multiples comme des exceptions dans l'organisation générale de l'univers, car elles sont en nombre considérable et remplissent une place importante dans l'ensemble. On peut estimer qu'en moyenne, sur quatre étoiles quelconques considérées, il y en a une double réelle. Aux étoiles réellement doubles ou multiples, c'est-à-dire composées de deux ou plusieurs astres associés, s'ajoutent celles qui ne le sont que par la perspective et se composent d'astres fort éloignés l'un derrière l'autre et qui ne se connaissent pas. Le but actuel de la Science est de démêler les groupes physiques des groupes seulement optiques, mais ce travail n'a encore pu être réalisé que pour un petit nombre (1).

Le nombre total des étoiles multiples découvertes jusqu'à ce jour par les divers astronomes des deux hémisphères s'élève au chiffre de 10487. Ce nombre est loin d'être insignifiant. La Carte n° 26 les renferme toutes. En raison de ce nombre si considérable d'étoiles à placer exactement sur une même feuille, j'ai dû représenter chacune d'elles par un simple point, sans tenir compte des grandeurs, ce qui d'ailleurs eût été inutile pour le but proposé. Comme la plus grande partie des étoiles avaient leurs positions réduites à l'équinoxe de 1830, nous avons réduit à cette position celles qui, découvertes en ces dernières années, ne l'étaient pas, et nous les avons toutes inscrites à cette position moyenne. Remarquons, à ce propos, que la date de l'établissement de la Carte est sans importance ici, puisqu'il s'agissait simplement de connaître la distribution relative de toutes les étoiles multiples dans le Ciel. Depuis 1830, la sphère céleste a tourné légèrement de l'ouest à l'est autour du pôle de l'écliptique et l'ascension droite a augmenté de 2m à 3m en moyenne suivant les positions, tandis que la distance polaire a diminué de 16' à 1' pour les étoiles comprises entre 0h et 6h, augmenté de 1' à 16' pour les étoiles comprises de 6h à 12h et de 16' à 1' de 12h à 18h, et diminué dans la même proportion de 18h à 24h. J'ai fait mes efforts pour n'omettre aucune découverte, et je crois pouvoir affirmer qu'on trouvera à sa position sur cette Carte quelque étoile multiple que ce soit.

On n'a inscrit aucun chiffre ni aucune lettre : toute indication eût été la plupart du temps impossible à placer et de plus eût été nuisible au but de la construction de cette Carte générale.

L'examen de cette Carte montre (ce qu'aucun catalogue ne saurait montrer) que les étoiles multiples ne sont pas disséminées au hasard sur la sphère céleste. Loin d'être homogène et régulière, leur distribution présente un arrangement digne de l'attention des astronomes.

Le premier fait qui s'impose dès le premier coup d'œil jeté sur la Carte, c'est que dans l'hémisphère boréal il y a une agglomération singulière de systèmes multiples, et comme un fleuve céleste commençant dans la région qui a pour coordonnées 18h30m d'ascension droite et 60° de distance polaire se dirigeant vers l'est sur une largeur de plus de 30°, en obliquant vers le pôle, traversant toutes les heures d'ascension droite depuis la XIXe jusqu'à la XXIVe et jusqu'à la IIIe, et finissant en s'amincissant (comme il a commencé) par Ve heure et 20° de distance polaire.

Cette agglomération traverse ainsi les constellations de la Lyre, du Cygne, de Céphée, de Cassiopée, du Messier et du Renne. Sur une partie de son parcours, elle se juxtapose à la voie lactée; mais elle s'en écarte bientôt pour se rapprocher du pôle, tandis que la voie lactée continue son cours pour se diriger vers l'équateur, qu'elle coupe sur la VIe heure.

On peut facilement remarquer que cette agglomération offre des prolongements d'une part au Sud par XX et XIX heures, d'autre part au delà du pôle. En revanche, le pôle de l'écliptique fait contraste dans cette région, et se montre très-pauvre en étoiles multiples.

Cette région du Ciel n'a pas été plus spécialement cultivée qu'aucune autre de notre hémisphère et la preuve qu'elle est incomparablement la plus riche, c'est que, dans sa dernière vérification du Ciel, à l'aide de la grande lunette de Chicago, M. Burnham y a trouvé encore beaucoup plus d'étoiles multiples que partout ailleurs, et certainement sans se douter de cette différence de densité. C'est une véritable mine.

Voici les positions des principaux amas d'étoiles multiples :

Æ (h m)	D. P. (°)		
8.30	70	9 étoiles,	dans Præsepe;
3.39	66	8 étoiles,	dans les Pléiades;
6.31	80	7 étoiles,	Licorne (voie lactée);
20.1	55	8 étoiles,	Cygne (voie lactée);
20.30	34	6 étoiles,	Céphée (peu d'étoiles simples);
21.32	33	6	Céphée (voie lactée);
0.7	31	6 étoiles,	Cassiopée, bord de la voie non loin d'" 1572;
4.45	20	8 étoiles,	Girafe (peu d'étoiles simples);
2.30	48	6 étoiles,	Persée (voie lactée).

À l'opposé, il y a dans d'autres régions de véritables vides. Voici les plus remarquables :

Æ (h m)	D. P. (°)	
3.0	77	dans le Taureau (pas d'étoiles simples);
3.0	90	dans la Baleine "
15.30	90	dans le Serpent "
16.50	73	dans Hercule "
16.00	40	dans Hercule "
7.35	48	dans le Lynx "

En général, où il y a agglomération d'étoiles multiples, il y a aussi une plus grande densité d'étoiles simples et où il y a des vides d'étoiles multiples, il y a aussi moins de densité dans la distribution générale des étoiles sur la sphère céleste.

En examinant l'hémisphère austral, on est d'abord frappé par l'accumulation des étoiles multiples dans les environs du pôle, principalement dans une zone comprise dans l'intérieur de 45° de déclinaison Sud, de 4h à 12h d'une part de 14h à 18h, et de 22h à 1h. L'amas le plus riche du Ciel entier se détache dans le Navire, près de l'étoile extraordinaire κ, par 10h40m d'ascension droite et 149° de distance polaire boréale : il y a là 25 étoiles multiples réunies au même point. Un autre amas considérable se trouve dans la constellation d'Orion, non loin de la nébuleuse, par 5h30m et 93°-96° de distance polaire : on peut compter en cette position 18 étoiles multiples réunies. D'autres amas peuvent encore facilement se remarquer à l'inspection de notre Carte, entre autres par 4h30m et 156°; par 10h30m et 138°; par 18h30m et 106°-100°, etc. Ces amas d'étoiles multiples ne sont pas moins importants, sans contredit, que les amas d'étoiles simples. Des lois encore inconnues ont présidé à cette organisation générale du système céleste.

---

(1) Voir notre ouvrage Les Étoiles doubles, où nous donnons la discussion complète de ces mystérieux systèmes sidéraux. Paris, Gauthier-Villars.

A l'opposé, nous remarquons des régions absolument vides d'étoiles multiples. Signalons comme régions les plus pauvres:

h m	h m	°	°	°	
11.00 à 12.00;	97 à 105 à 120....				dans la Coupe;
14.40 à 15.50;	95 à 110.........				dans la Balance;
16.15 à 16.50;	92 à 110.........				dans Ophiuchus;
23.20 à 0.10;	94 à 106.........				Verseau-Baleine;
3.10 à 4.50;	105 à 120 à 130....				Éridan;
8.10 à 8.50;	100 à 115.........				Licorne;
8.55 à 9.40;	97 à 110.........				Le Chat.

La remarque précédemment inspirée par l'examen de l'hémisphère boréal peut être appliquée aussi à propos de l'hémisphère austral. A part de rares exceptions, les amas d'étoiles multiples se trouvent dans les régions célestes les plus riches en étoiles de tout genre, et les lacunes se trouvent dans les régions les moins riches.

L'hémisphère austral est beaucoup moins riche en étoiles multiples que l'hémisphère boréal. On pourrait croire que cette différence provient principalement de ce qu'il a été moins observé; mais, quoique très-certainement cette raison entre pour une part dans la différence, il est incontestable néanmoins qu'en réalité cet hémisphère est plus pauvre. Sir John Herschel l'a scruté spécialement au point de vue qui nous occupe, du 5 mars 1834 au 24 juillet 1835, et à cette dernière date il écrivait : « Je commence à croire que je ne rencontrerai plus jamais une autre étoile double. Les derniers balayages que j'ai faits en sont totalement dépourvus, et ce fait est vraiment merveilleux, car j'avais choisi toutes les circonstances les plus favorables pour les découvrir. »

En résumé, la condensation des étoiles multiples commence dans l'hémisphère boréal, par 18°30m et 60m de distance polaire, s'étend sur une largeur de 30° environ, passe au-dessous du pôle nord en traversant toutes les heures d'ascension droite, depuis la XIXe jusque vers la VIe, traverse l'équateur en diminuant de densité, redevient plus riche et s'étend jusqu'au-dessus du pôle austral qu'elle contourne

CARTE Nº 27.

Étoiles doubles en mouvement certain.

L'intérêt principal qui nous attire vers la contemplation des étoiles doubles, c'est de connaître quelles sont celles qui sont en mouvement, et qui paraissent ainsi animées de cette vie sidérale dont le nouvel aspect transforme désormais pour nous les anciennes solitudes des cieux. La grande question est donc de connaître quelles sont les étoiles doubles qui sont en mouvement certain, d'examiner ce mouvement dans chaque cas séparément, et de voir s'il est orbital ou rectiligne, et en définitive si le système considéré est formé de deux composantes gravitant plus ou moins rapidement l'une autour de l'autre, ou d'une étoile passant devant une autre plus éloignée relativement immobile au fond des cieux.

Sur les 10487 étoiles multiples découvertes jusqu'à ce jour et dont la Carte précédente a donné la distribution générale, plusieurs ont présenté de remarquables changements de position, mettant en évidence leur caractère sidéral. Chacune de ces 10487 étoiles a été observée plusieurs fois, selon l'ancienneté de sa découverte, sa position dans le ciel et l'intérêt particulier qu'elle peut offrir; les privilégiées comptent leurs observations par centaines; les plus nouvelles et les moins intéressantes n'ont été l'objet que de quelques mesures micrométriques. En moyenne, chacune compte environ douze à seize mesures, et les 10487 couples découverts nous offrent un ensemble de plus de 150000 observations, tant d'angles de position que de distance.

J'ai revu chacune de ces étoiles et comparé toutes ces observations, du moins toutes celles qui ont été publiées; lorsque la série me manquait pour arriver à une conclusion, j'ai prié les astronomes qui s'occupent spécialement de ces mesures de vouloir bien m'envoyer leurs observations publiées, et souvent ils ont bien voulu mesurer de nouveau pour ce travail certains couples problématiques. Plusieurs étoiles doubles ont été découvertes depuis assez longtemps et forment des systèmes assez rapides pour avoir accompli une ou plusieurs révolutions sous nos yeux. J'ai calculé par une méthode nouvelle les orbites tant apparentes qu'absolues de ces systèmes binaires. D'autres n'ont tracé dans le ciel qu'une partie de leur orbite, mais avec un mouvement angulaire suffisant pour permettre également de calculer tous les éléments de ces orbites. D'autres, en très-grand nombre, n'ont décrit qu'un arc de leur courbe, insuffisant pour calculer l'orbite entière, mais suffisant pour affirmer la nature orbitale du mouvement en vertu d'un déplacement parallactique : ces étoiles prouvent ainsi qu'elles ne sont pas physiquement associées, qu'elles sont situées fort loin l'une derrière l'autre, ne se connaissent point, n'ont été réunies momentanément que par le hasard de la perspective, et se séparent simplement

en vertu de la différence de leurs mouvements propres. Il y a encore d'autres systèmes plus singuliers dont les composantes décrivent des lignes droites dans l'espace, tout en étant animés d'un mouvement propre commun, ce qui m'a conduit à corriger des orbites prématurément supputées (comme celle de la 61e du Cygne, qui ne suit point l'orbite de Bessel) et même à conclure que ces astres ne gravitent pas l'un autour de l'autre, mais suivent des lignes droites en obéissant à une force qui les domine et les conduit ensemble à travers l'espace. Enfin il y a, d'autre part, un très-grand nombre d'étoiles doubles qui sont restées fixes l'une par rapport à l'autre depuis leur découverte. Parmi celles-là les unes ont présenté le témoignage d'un mouvement propre commun ; les autres n'ont offert aucune trace de changement de position dans l'espace. Plusieurs causes fort distinctes agissent ainsi sur les étoiles doubles pour leur donner un mouvement réel ou apparent : la gravitation des composantes d'un système binaire, ternaire, ou multiple autour de leur centre de gravité; la gravitation de deux ou plusieurs étoiles emportées ensemble dans l'espace sous l'influence d'attractions sidérales inconnues; les mouvements propres différents de deux étoiles lointaines fortuitement placées sur notre rayon visuel; causes auxquelles il faut encore ajouter la translation séculaire de notre système solaire dans l'espace, laquelle se réfléchit en donnant aux étoiles les moins lointaines un déplacement apparent en sens contraire.

C'est pour connaître les véritables systèmes binaires ou multiples en mouvement orbital et les distinguer des couples restés fixes et des couples en mouvement rectiligne que j'ai entrepris ce travail de comparaison.

J'ai placé sur cette Carte toutes les étoiles doubles qui, depuis l'époque de leur découverte, ont manifesté un changement de position assez fort et assez sûr pour ne pouvoir être attribué à des erreurs d'observation. Il y a des couples si faciles à observer qu'une variation de 4 degrés dans l'angle de position ou d'une demi-seconde dans la distance est suffisante pour nous convaincre que le mouvement existe. Il en est d'autres, au contraire, si difficiles à observer, soit quand la position des composantes est très-oblique par rapport à la section verticale de l'œil, soit quand elles sont de grandeurs très-inégales, que des divergences de 5, 6 et 7 degrés dans la mesure de l'angle ou d'une seconde entière dans celle de la distance ne suffisent pas pour affirmer la réalité d'un mouvement. Quand les divergences sont toutes dans le même sens, l'appréciation peut cependant décider en faveur du mouvement. La sûreté des mesures micrométriques dépend d'ailleurs de la perfection de l'instrument employé, de l'habitude de l'astronome, de l'état du Ciel, du poids que l'astronome assigne lui-même à son observation. C'est en tenant compte de toutes ces causes que j'ai choisi, parmi toutes les étoiles doubles observées, celles qui ont donné le témoignage d'un mouvement relatif certain, l'une par rapport à l'autre.

J'ai dû construire un catalogue spécial renfermant toutes les étoiles multiples en mouvement, et toutes les observations faites sur chacune d'elles. 550 sont en mouvement certain. Ce nombre représente-t-il tous les systèmes en mouvement relatif? Non assurément. J'ai fait tous mes efforts pour trouver tous ceux dont l'observation constate ce mouvement relatif; mais je n'oserais avoir la présomption d'affirmer que je les ai trouvés tous, surtout en ce qui concerne l'hémisphère austral, dont les observations sont non-seulement rares, mais encore difficiles à consulter. Aucun catalogue de ce genre n'a jamais été fait. Celui-ci se ressentira donc de la nouveauté de cette recherche spéciale, et je ne le présente aux astronomes que comme un premier essai que j'essayerai de compléter d'année en année, en comblant les lacunes que je serai heureux et reconnaissant de me voir signaler par les observateurs.

L'hémisphère austral est singulièrement pauvre en observations suivies. Il serait bien à désirer que quelques astronomes reprissent actuellement l'intéressant travail fait par sir John Herschel en 1835.

J'ai exclu du catalogue et de la Carte toutes les étoiles dont le changement de position est nul, incertain ou insignifiant. Mon but étant d'avoir, comme base d'une interprétation sérieuse de la grandeur et de la direction de ces mouvements, un ensemble de systèmes sûrs, j'ai plutôt péché par défaut que par excès ; mais j'ai l'espoir de n'avoir omis aucun système important. Je n'ai pas inséré les couples dont le mouvement n'est que probable, à moins que la probabilité ne soit si grande qu'elle approche de la certitude. Le nombre des observations réunies et inscrites dans ce catalogue pour l'ensemble de ces 550 étoiles doubles s'élève à 12000, tant d'angles de position que de distances. J'ajouterai encore qu'après ce travail terminé j'ai dû retrancher un certain nombre de couples qui paraissaient en mouvement sur les observations de William Herschel, mais dont les mesures modernes n'ont pas confirmé le déplacement.

Cette Carte renferme *toutes les étoiles doubles en mouvement relatif certain,* c'est-à-dire toutes celles dont les composantes se sont déplacées l'une par rapport à l'autre, abstraction faite du mouvement commun dont elles peuvent être animées d'ailleurs. Un grand nombre d'entre elles ne présentent pas un déplacement assez considérable pour qu'on puisse décider s'il est orbital ou s'il s'effectue en ligne droite. L'arc décrit est assez petit pour se confondre avec la tangente ; et réciproquement, eu égard aux erreurs d'observation dans ces mesures si délicates. La différence ne pourra être faite qu'avec le temps, et alors on pourra faire deux sections de ce catalogue : l'une renfermant les étoiles à mouvement orbital, l'autre contenant celles à mouvement parallactique. Avec le temps, du reste, nos vues se développeront sur la nature des mouvements sidéraux, si mystérieux encore. Dans tous le cas on trouvera réunis ici tous les couples qui, depuis leur découverte, se sont sûrement déplacés, d'une manière quelconque.

Dans cet ensemble il y a 415 systèmes *en mouvement orbital certain*. 186 ont un mouvement *direct*, c'est-à-dire effectué dans le sens nord-ouest-sud-est-nord ; 219 ont leur mouvement *rétrograde*, c'est-à-dire dirigé dans le sens nord-est-sud-ouest-nord. On voit qu'il y a prédominance en faveur du mouvement rétrograde.

La position de chaque étoile sur la sphère céleste a été calculée pour l'année 1880.

Chaque grandeur d'étoile est marquée par un cercle de grandeur spéciale.

Le chemin parcouru par le compagnon étant souvent très-exigu, un cercle équivalent à sa grandeur eût souvent caché tout ce chemin. Nous avons donc, pour plus de précision tracé seulement, à la position du compagnon, une flèche de la grandeur et de la direction du chemin parcouru depuis l'époque de la découverte. Quant à la distance angulaire, il était impossible d'en tenir compte ici.

Lorsque la flèche est courbe et que le reste de l'orbite est tracé, c'est que le mouvement observé est *certainement orbital*.

Lorsque cette flèche est courbe et que chacune de ses extrémités est rattachée par un rayon à l'étoile centrale, c'est que le mouvement n'est que *probablement orbital*. Le mouvement est certain, mais sa nature reste douteuse.

Lorsque aucune ligne ne rattache l'étoile secondaire à l'étoile principale, c'est que le mouvement est rectiligne et parallactique, dû à une différence de mouvements propres : les deux étoiles ne sont pas associées, La flèche représente le mouvement observé, rapporté à l'étoile principale supposée fixe. Dans la majorité des cas nous devons interpréter ce mouvement en sens contraire et l'appliquer à la grande étoile. C'est elle qui se déplace, tandis que la petite, plus éloignée, reste immobile au fond des cieux. En effet, comparé au mouvement propre de la grande étoile, directement connu d'ailleurs par les observations méridiennes et représenté sur notre Carte précédente, ce mouvement, observé sur la petite étoile, montre précisément qu'il est parallèle et contraire au mouvement propre réel de la grande.

Chaque petite flèche représente donc dans tous les cas chaque mouvement constaté. Elle a été tracée avec le plus grand soin ; son origine correspond à la position du compagnon l'année de sa découverte, et sa fin à la position de ce compagnon en 1880. La flèche fait le tour entier, ou plutôt l'orbite est entièrement tracée d'un trait plein quand le couple a parcouru une révolution entière sous les yeux des observateurs.

Dans les groupes de perspective, j'ai pris soin de tracer la flèche s'éloignant ou se rapprochant de l'étoile principale lorsque l'étoile secondaire suit un tel mouvement.

Lorsque l'un des systèmes n'est pas seulement double, mais triple ou quadruple, il est indiqué par la lettre T ou la lettre Q.

Chaque étoile est désignée par son nom ou sa lettre grecque, ou son numéro du catalogue de Struve. Lorsque l'étoile n'est pas dans le catalogue de Dorpat, mais appartient à l'ancien catalogue de Struve, le numéro est placé entre crochets. Lorsqu'elle appartient au catalogue de Pulkowa, le numéro est mis entre parenthèses.

L'origine de la numération des degrés pour le mouvement du compagnon est le pôle nord, et le sens de la numération est : nord-est-sud-ouest-nord. Ainsi :

$$\text{Nord} = 0° ;$$
$$\text{Est} = 90° ;$$
$$\text{Sud} = 180° ;$$
$$\text{Ouest} = 270°.$$

Sur la carte de l'hémisphère boréal, le mouvement diurne s'effectue en sens contraire du mouvement des aiguilles d'une montre. En considérant le centre de la carte ou le pôle nord comme le haut, l'ouest est à droite, le sud au bas et l'est à gauche. Nous avons donc le diagramme suivant (*fig.* 1) pour toutes les étoiles de cet hémisphère :

$$0° = \text{nord ou haut} ;$$
$$90° = \text{est ou suivant} ;$$
$$180° = \text{sud ou bas} ;$$
$$270° = \text{ouest ou précédent}.$$

Sur la carte de l'hémisphère austral, le mouvement diurne s'effectue dans le sens du mouvement des aiguilles d'une montre. En considérant le centre de la carte, ou le pôle sud, comme le haut, l'ouest est à

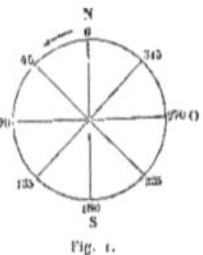

Fig. 1.

gauche, le nord au bas et l'est à droite ; ce qui donne le diagramme suivant (*fig.* 2) pour toutes les étoiles de cet hémisphère :

Fig. 2.

Prenons un exemple dans chaque hémisphère, pour compléter cette explication. Soit d'abord, dans l'hémisphère boréal, l'étoile de 4e grandeur χ Cassiopée, située par 0h 41m d'ascension droite et 32° 49' de distance polaire : nous voyons, à l'inspection de son diagramme, que le compagnon a marché, suivant une ligne courbe, de 70 à 140 degrés depuis l'époque de sa découverte, accomplissant ainsi environ le cinquième de son orbite. Considérons maintenant une étoile de l'hémisphère austral, soit p Eridan (3e grandeur), située par 1h 35m d'ascension droite et 146° 49' de distance polaire nord : nous voyons que son compagnon a marché de 343 à 240 degrés. Ce sont là deux systèmes binaires en mouvement orbital certain. Prenons maintenant un groupe purement optique, soit celui de χ d'Andromède, par 0h 2m et 61° 24', nous voyons que son compagnon s'est déplacé de 259 à 272 degrés (en s'éloignant un peu), mais ne lui est pas associé ; en fait, ce compagnon est immobile au fond des cieux, et nous devons interpréter son mouvement en l'appliquant à l'étoile d'Andromède, dont le mouvement propre, parallèle et contraire au précédent, est dirigé vers le sud-est. Cette Carte montre donc non-seulement les mouvements orbitaux des systèmes binaires ou ternaires, mais encore les mouvements propres révélés par l'étude des compagnons des groupes de perspective.

Voilà de longues explications pour une seule Carte d'un Atlas. Nous ne pouvons nous étendre davantage ici sur cet immense et fertile sujet des étoiles doubles, ni publier dans ces pages le catalogue des étoiles représentées sur cette Carte. Pour tous ces documents, observations, discussions et connaissance générale des étoiles doubles, nous ne pouvons que renvoyer le lecteur à notre Ouvrage spécial sur ce sujet, dans lequel nous avons réuni les résultats des cinq années consécutives d'études que nous venons de consacrer exclusivement à cet important sujet (1).

CARTE N° 28.

Orbites d'étoiles doubles, et groupes d'étoiles les plus curieux du Ciel.

On aura une idée très-complète des orbites décrites par les étoiles doubles en examinant les cinq premières figures de cette Planche. Je les ai dessinées avec soin, en tenant compte des meilleures observations et des mesures micrométriques les plus précises.

La première représente l'orbite de l'étoile double γ de la Vierge. En voici les éléments, d'après la discussion spéciale que j'ai faite en 1873 :

Demi-grand axe.....................	3",385
Excentricité.......................	0,8715
Passage au périhélie...............	1836,45
Position du périhélie..............	320°,0
Distance du périhélie..............	0",46
Distance aphélie..................	6",31
Moyen mouvement annuel.............	−2° 3' 26"
Durée de la révolution.............	175 ans

Ce qu'il y a de plus curieux dans ce système, c'est que nous le voyons de face, c'est-à-dire que le plan dans lequel s'effectue le mouvement

(1) *Les Étoiles doubles, Univers lointains*, avec cartes et catalogue. Paris, Gauthier-Villars.

est parallèle à celui de la sphère céleste et perpendiculaire à notre rayon visuel. Il en résulte que l'orbite apparente est la même que l'orbite réelle. Il n'en est pas de même dans les systèmes suivants.

En regard de l'orbite précédente on trouvera celle de l'étoile double 70 p Ophiuchus. Je l'ai dessinée aussi avecle plus grand soin et d'après l'ensemble des observations. Ici, on le voit, l'étoile intérieure n'est pas au foyer de l'ellipse, et l'orbite est déformée, tout en restant elliptique, parce que nous ne la voyons pas de face. Voici les éléments de l'orbite apparente représentée ci-dessus :

Demi-grand axe apparent	4″.86
Excentricité apparente	0,908
Distance minimum	1,69 à 223°,4, en 1811
Distance maximum	6,67 à 118,0, en 1849
Durée de la révolution	92ᵃⁿˢ,77

A l'aide d'une méthode nouvelle et d'un appareil d'optique qui reproduit en petit ce qui se passe en grand dans l'univers, j'ai pu trouver par l'orbite apparente telle que nous la voyons de la Terre la position de l'orbite absolue dans l'espace. Dans cette orbite, l'excentricité est beaucoup moindre. En voici les éléments (nous savons déjà que la durée de la révolution est de 92 ans, 77) :

Position du périhélie	293°,5
Passage au périhélie	1807,9
Excentricité vraie	0,3859
Longitude du nœud ascendant	122°
Inclinaison	62°
Demi-grand axe	4″,88

La parallaxe de cette étoile a été évaluée à 0″,108, ce qui correspond à une distance égale à 1400000 fois celle du Soleil. A cette distance, le demi-grand axe précédent représente 1075 millions de lieues, et la vitesse de l'étoile satellite sur son orbite est de 191830 lieues par jour. J'en ai conclu que la masse de cette étoile surpasse celle du Soleil dans la proportion de 100 à 285, c'est-à-dire qu'elle pèse presque 3 fois plus que le Soleil, ou environ 923000 fois plus que la Terre.

L'orbite apparente de l'étoile double ξ de la Grande Ourse, représentée au-dessous de celle de γ de la Vierge, a pour éléments, d'après la conclusion de toutes les observations que j'ai réunies en 1872 :

Demi-grand axe	2″.45
Excentricité	0.823
Distance maximum	3″,08 à 116°,5 en 1854,5
Distance minimum	0″,97 à 358°,0 en 1873,4
Durée de la révolution	60ᵃⁿˢ,60

L'orbite de cette étoile avait déjà été calculée plusieurs fois, et c'est même la première sur laquelle on ait essayé une méthode de calcul spéciale aux étoiles doubles. Cette première méthode est due à l'astronome français Savary et date de 1830. Il avait déjà trouvé, malgré le petit nombre d'observations dont il disposait, une période de révolution analogue à celle que nous trouvons aujourd'hui. Cette étoile, venant de passer à son périhélie apparent, va devenir visible dans les instruments ordinaires, comme les deux précédentes.

Les deux autres couples, dont la figure est tracée à une plus grande échelle (30 millimètres pour une seconde d'arc), demandent de puissants instruments pour être dédoublés. Le satellite de ζ d'Hercule devient même tout à fait invisible, à l'époque de son plus grand rapprochement, au point indiqué sur notre figure : les deux disques n'en font plus qu'un. Ses positions observées oscillent un peu plus que les précédentes, de part et d'autre de la courbe, à cause de la difficulté des observations. Voici les éléments de l'orbite apparente de cette étoile double, tels que je les ai calculés en 1873 :

Demi-grand axe	1″,19
Excentricité	0,603
Périhélie apparent	0″,59 à 298° en 1864,35
Durée de la révolution	34ᵃⁿˢ,57

Celle de l'étoile η de la Couronne est encore plus resserrée. Nous avons supprimé, pour plus de clarté, les deux premiers chiffres de chaque date. On voit sur cette petite figure que l'étoile satellite est revenue en 1873 au point qu'elle occupait en 1832. Voici les éléments de cette orbite apparente, calculés en 1873 d'après l'ensemble des observations :

Demi-grand axe	0″,865
Excentricité	0,8615
Périhélie apparent	0″,364 à 287° en 1853,95
Moyen mouvement annuel	8°57′40
Durée de la révolution	40ᵃⁿˢ,17

Ce sont là autant de types bien choisis d'orbites d'étoiles doubles. Quant aux groupes d'étoiles dessinés ensuite sur la même Planche, ils s'expliquent d'eux-mêmes par leur aspect. On a placé près de chacun d'eux l'échelle des grandeurs d'étoiles adoptée pour chaque groupe. Les Pléiades et les Hyades sont, comme on sait, parfaitement visibles à l'œil nu comme groupes. Præsepe ou la Crèche, dans le Cancer, est visible aussi à l'œil nu, mais comme nébuleuse. L'amas des Gémeaux est encore visible, mais seulement par une atmosphère limpide, et comme une pâle nébuleuse. Ce sont là de splendides objets à placer dans le champ d'une lunette de faible puissance.

L'étoile ζ (Mizar) de la Grande Ourse, accompagnée d'Alcor, est, comme nous l'avons dit plus haut, un objet d'épreuves pour l'œil. Au télescope on découvre de plus ζ comme étoile double, l'un des couples les plus étincelants du ciel. Quelques autres petites étoiles se montrent aussi dans le champ.

L'étoile quadruple ε de la Lyre est visible à l'œil nu (comme étoile de 5° grandeur allongée) près de Véga. Le plus faible instrument d'optique la partage en deux, et un instrument plus puissant partage ensuite chacune d'elles en deux autres. Très-curieuse à observer.

Plus curieuse encore est l'étoile sextuple θ, plongée au sein d'Orion, la nébuleuse. Les quatre principales se voient facilement dans la plus faible lunette; il faut un télescope plus puissant pour distinguer les deux autres. On a même cru en voir une septième et même une huitième à l'aide des grands réfracteurs nouvellement construits.

Tels sont les groupes d'étoiles les plus intéressants à observer.

CARTE N° 29.

Les plus belles nébuleuses du Ciel.

Nous avons voulu consacrer l'une des plus belles Cartes de cet Atlas aux nébuleuses, à ces amas d'étoiles ou de matières cosmiques, dont la forme tantôt régulière et tantôt tourmentée, revêtant les figures les plus variées, reste encore pour nous un mystère, aussi bien d'ailleurs que leur nature essentielle et leur rôle dans l'univers. Sont-elles des mondes en voie de formation, comme l'ont supposé Kant, Herschel et Laplace dès le siècle dernier? On pourrait l'admettre pour celles que nulle puissance télescopique ne peut résoudre en étoiles, et que l'analyse spectrale déclare d'ailleurs être formées de gaz et de vapeurs; mais l'hypothèse n'est plus applicable à celles que le télescope résout en amas d'étoiles : nous voyons alors en elles de véritables univers, composés de milliers et de millions de soleils.

Quelle que soit d'ailleurs leur nature sidérale, les nébuleuses réservent au regard de l'astronomie les tableaux les plus grandioses et les plus dignes d'attention, et, quoique nous devions aux plus puissants télescopes la découverte de leur véritable forme et la pénétration de leur intime structure cependant plusieurs, et parmi les plus belles, sont accessibles aux instruments de puissance moyenne, et chacun peut à loisir les étudier et les admirer, si l'on a soin de choisir spécialement pour cette observation les nuits les plus pures et les plus calmes.

Nous allons donner la description succincte de chacune des seize nébuleuses que nous avons réunies dans notre tableau d'ensemble.

1. La première est l'*Amas du Toucan*, qui est visible à l'œil nu, mais se trouve dans l'hémisphère austral, non loin de la petite nuée de Magellan, et brille au milieu d'une région céleste entièrement vide d'étoiles. La condensation est extrêmement prononcée dans l'intérieur de cet amas d'étoiles, et ce qu'il y a de plus curieux, c'est que cette agglomération centrale est formée d'étoiles rouges. Il est fâcheux pour nous que ce splendide écrin ne soit pas visible sous nos latitudes.

2. La deuxième est la *nébuleuse en spirale de la Vierge*.— On peut, à l'aide d'un instrument moyen, voir plusieurs belles nébuleuses dans cette constellation : celle-ci, qui est la plus belle, se trouve par XIIᵇ 12ᵐ, et par 15° 15′ de déclinaison boréale, à 1 degré au sud-est de l'étoile de 5° grandeur B Chevelure, à peu près à 7 degrés à l'est de 6 du Lion. Le télescope de lord Rosse a révélé cette étrange structure en spirale dans laquelle les branches lumineuses sont nettement séparées par des intervalles obscurs. Magnifique condensation au centre. On en voit facilement une autre à 12ᵇ 1ᵐ, et 11°.

3. *Amas stellaire de ω du Centaure.* — L'un des plus splendides du Ciel, visible à l'œil nu comme une étoile de 4° à 5° grandeur, il se résout dans le télescope en une multitude prodigieuse de petites étoiles. Malheureusement invisible sous nos latitudes.

4. *Nébuleuse annulaire elliptique du Lion.* — Le noyau central est composé d'enveloppes qui affectent une forme annulaire spirale, et les extrémités de l'ovale sont rayées de stries lumineuses rangées de chaque côté de l'axe, comme les arêtes dans la colonne vertébrale des poissons.

5. *Nébuleuse en spirale des Chiens de Chasse.* — La plus merveilleuse

du Ciel. Des spires brillantes, inégalement lumineuses et parsemées d'une multitude d'étoiles, partent du centre de la nébulosité, s'enroulent et s'étendent dans une direction commune. Un second noyau, situé excentriquement, se rattache aux dernières spires. La main des siècles a lentement fait tourner ces myriades de soleils suivant un immense tourbillon. L'imagination reste confondue en présence d'un spectacle aussi grandiose. Il y a là tout un univers. Elle n'offre pas cette beauté dans un télescope ordinaire, car c'est seulement celui de lord Rosse qui l'a révélée ; mais on peut l'observer, et l'on aperçoit seulement les deux condensations avec un anneau nébuleux. Sa position est $XIII^h 24^m$ et $47°52'$ (au bout de la queue de la Grande Ourse).

6. *Nébuleuse d'Andromède.* — C'est la première qui ait été découverte et étudiée comme telle. Elle fut décrite pour la première fois en 1612 par Simon Marius, qui la compara « à la flamme d'une chandelle vue à travers une feuille de corne transparente ». Elle est visible à l'œil nu, dans la constellation d'Andromède, entre le carré de Pégase et Cassiopée. Nous l'avons reproduite ici telle qu'on la voit avec les instruments de moyenne puissance. A l'aide de la grande lunette de Cambridge, Bond a vu cette forme régulière disparaître, a trouvé deux lignes sombres vers l'axe central, et des foyers où il a compté 1500 étoiles. Le reste n'est pas résoluble, et pourtant n'est pas gazeux: il y a là un mystère.

7. *Nébuleuse en spirale de Céphée.* — Avec les deux nébuleuses des Chiens de Chasse et de la Vierge, celle-ci forme un spécimen des plus remarquables découvertes du télescope de lord Rosse. Le centre est comme une large nébuleuse globulaire, à condensation très-marquée, de laquelle partent des branches déliées en forme de spires, portant sur plusieurs points des centres partiels de condensation. Elle se trouve dans Céphée, sur les confins de la Grande-Ourse et du Bouvier.

8. *Nébuleuse du Navire.* — Elle ressemble à une comète, et appartient aux régions de l'hémisphère austral qui ne sont pas visibles en France.

9. *Nébuleuse de l'Écu de Sobieski.* — On croirait voir la lettre grecque majuscule Ω écrite dans le ciel. Une longue traînée vaporeuse se contourne sous cette forme singulière. Au milieu de l'un des coudes, on remarque un foyer de condensation.

10. *Nébuleuse du Taureau.* — Voici une autre nébuleuse à forme irrégulière. Dans les instruments ordinaires, elle offre l'aspect d'un ovale assez régulier ; mais, dans le grand télescope de lord Rosse, on croirait voir un poisson bizarre muni de pattes nombreuses. On l'a appelée *Crab nebula,* la nébuleuse de l'Écrevisse. Elle appartient à la constellation du Taureau, et se trouve à $V^h 27^m$ et $21°56'$.

11. *Grande nébuleuse d'Orion.* — C'est assurément la plus intéressante du Ciel entier à observer avec des instruments de moyenne puissance. Nous en donnons ici un dessin très-soigné, d'après celui qui a été fait par Bond à l'aide de la grande lunette des États-Unis. Quand le Ciel est très-pur, on peut voir cette nébuleuse à l'œil nu, dans le Baudrier d'Orion, au-dessous des Trois Rois. (La ligne droite qu'elle forme avec les étoiles ι et c s'appelle, dans l'Est de la France, le Manche du Râteau, le Râteau étant formé par les Trois Rois). Quelquefois elle brille d'un tel éclat qu'on ne peut pas regarder Orion sans en être frappé, ainsi que je l'ai vue, entre autres, le 19 décembre 1875, et le 23 et le 25 du même mois. Cependant Galilée, qui a donné une attention particulière à la constellation d'Orion, ne l'a pas remarquée. Les jours dont je parle, on pouvait constater, dans une simple jumelle, que cet éclat ne provenait pas d'une étoile, mais d'une nébuleuse. Sa lumière serait-elle variable ? Elle est gazeuse : l'azote et l'hydrogène y dominent ! N'oublions pas de rappeler l'une des curiosités principales de la nébuleuse: l'étoile quadruple θ d'Orion (signalée déjà sur la Carte 28), qui devient sextuple dans les lunettes de forte puissance.

A ce tableau des principales nébuleuses du Ciel nous en avons ajouté cinq extrêmement remarquables par leur forme :

12. Appartient à la constellation du Verseau. C'est le plus beau type des *nébuleuses* doubles.

13. Appartient à la Chevelure de Bérénice. Il y a encore ici deux nébuleuses associées, l'une plus longue, lenticulaire sans doute et vue par la tranche, l'autre sphérique.

14. Se trouve près de la belle étoile triple colorée γ d'Andromède. Ce doit être une nébuleuse annulaire ou *elliptique* que nous voyons sous une forte inclinaison. Il y a une étoile visible à chaque extrémité du grand axe.

15. Appartient à la petite et riche constellation de la Lyre, et se trouve entre les deux étoiles β et γ. C'est une nébuleuse *annulaire* singulièrement remarquable.

16. Est une étrange nébuleuse *multiple*, la plus curieuse d'entre toutes peut-être. Ce groupe est un des nombreux amas qui forment la plus grande des deux nuées de Magellan. Quatre foyers se montrent aux quatre extrémités, et l'un deux est même formé lui-même de quatre foyers particuliers. Quel univers a-t-on là sous les yeux?

Telles sont les plus belles nébuleuses du ciel. Leur contemplation complète dignement celle des grandeurs célestes que nous avons précédemment passées en revue.

Dates favorables pour les observations.

Voici, pour chaque mois, les constellations qui sont au Méridien à minuit, tant du côté Nord que du côté Sud.

1er *Janvier.* — Le Grand Chien, le Petit Chien, les Gémeaux.

1er *Février.* — L'Hydre, le Cancer avec son amas d'étoiles.

1er *Mars.* — L'Hydre, la Coupe, le Lion ; du côté Nord, la Grande Ourse au-dessus du pôle.

1er *Avril.* — Le Corbeau, la Vierge, la Chevelure de Bérénice ; au Nord, les Lévriers et la queue de la Grande Ourse.

1er *Mai.* — La Balance ; au Nord, le Bouvier et quelques étoiles du Dragon.

1er *Juin.* — Le Scorpion, Hercule.

1er *Juillet.* — Le Sagittaire ; au zénith, la Lyre.

1er *Août.* — Le Capricorne, le Dauphin ; au zénith, Céphée.

1er *Septembre.* — Le Poisson austral, le Verseau, Pégase, Céphée, la Grande Ourse sous le pôle.

1er *Octobre.* — La Baleine, les Poissons, Andromède près du zénith ; au Nord, Cassiopée.

1er *Novembre.* — Encore la Baleine, le Bélier ; au zénith, Persée et les deux amas d'étoiles au-dessus de sa tête.

1er *Décembre.* — Le Taureau, le Cocher, Orion suivi de Sirius.

On cherchera à l'Occident les constellations qui passent au Méridien avant celles-ci, et à l'Orient celles qui y arriveront plus tard. L'observateur est censé faire face au Midi, excepté pour les constellations polaires.

168?   PARIS. — IMPRIMERIE DE GAUTHIER-VILLARS, SUCCESSEUR DE MALLET-BACHELIER, QUAI DES AUGUSTINS, 65.

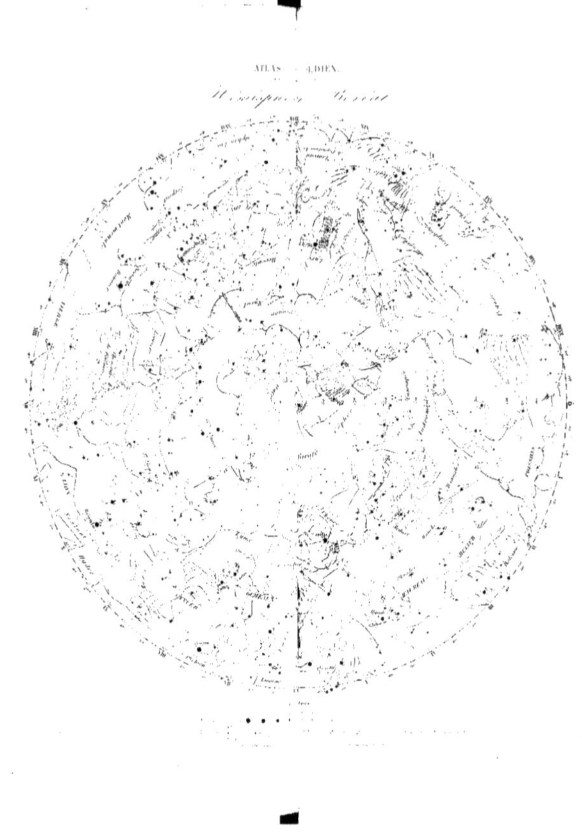

ATLAS CÉLESTE.
Hémisphère Boréal

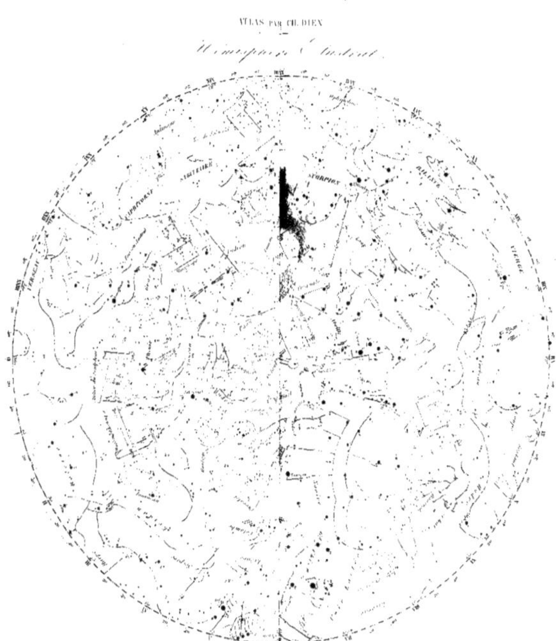

ATLAS PAR CH. DIEN
Hémisphère Austral

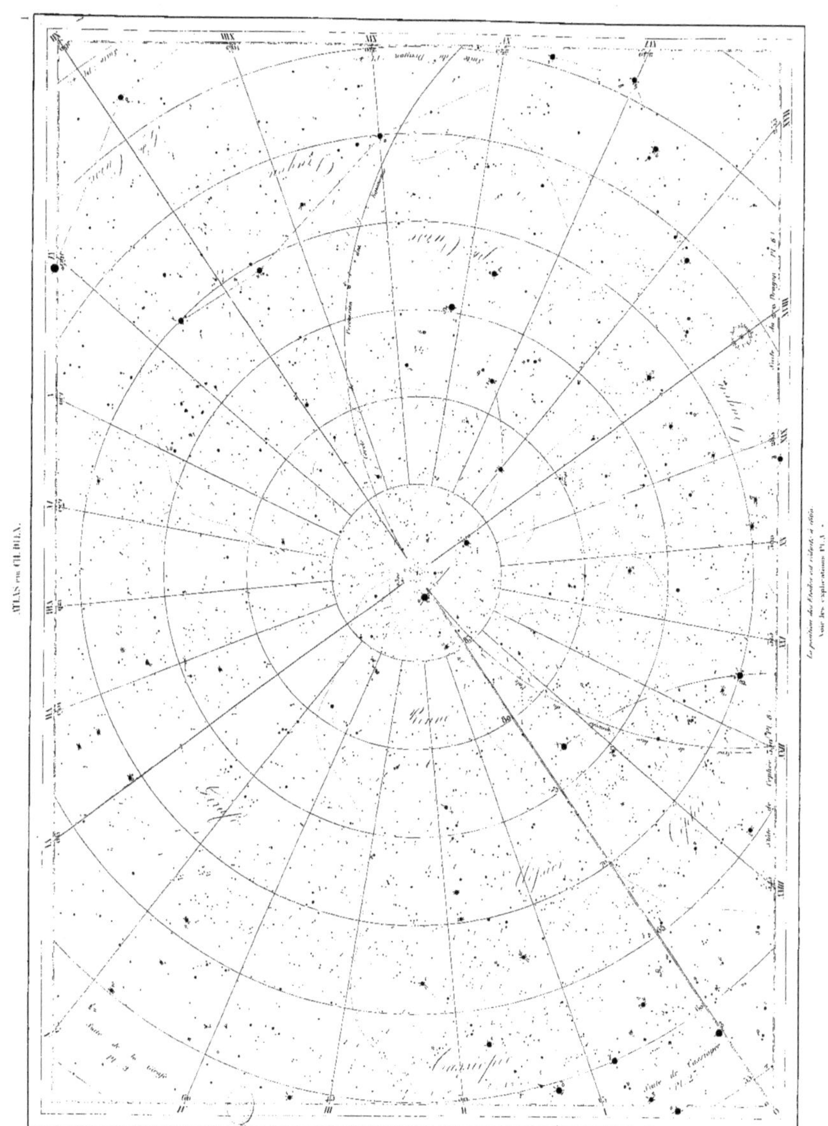

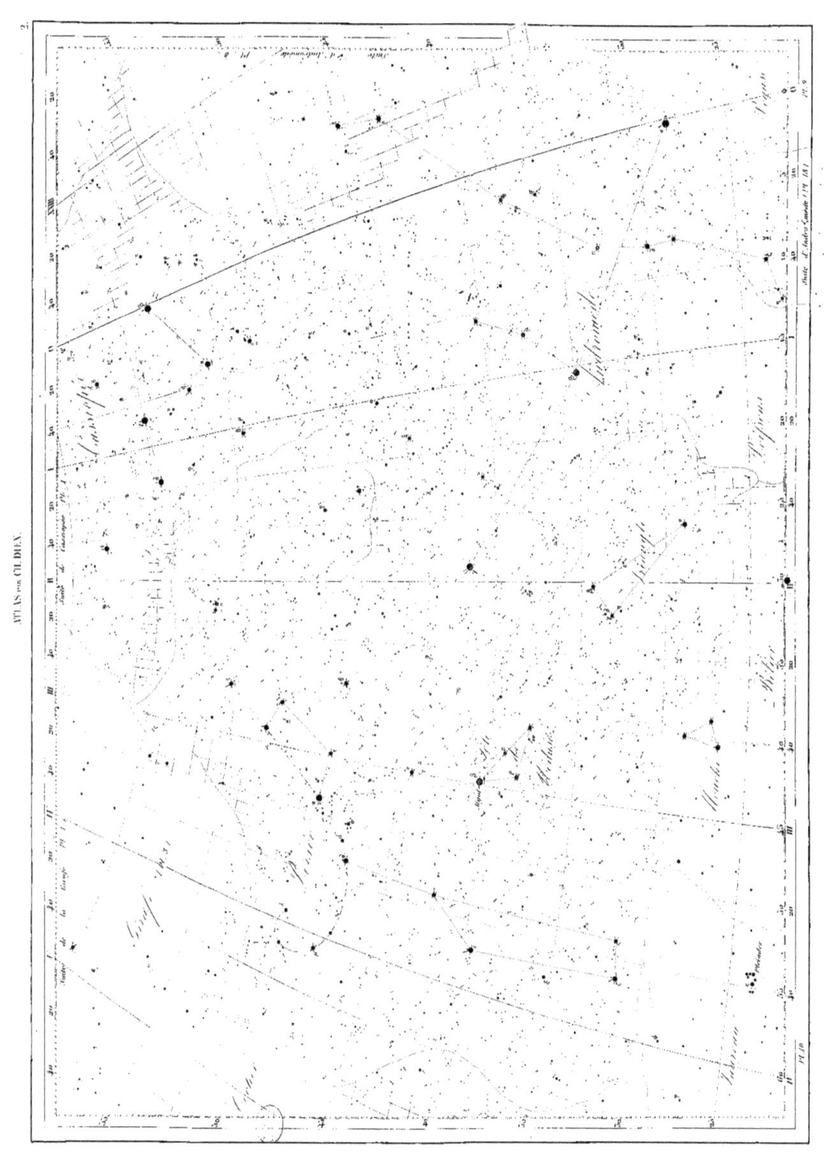

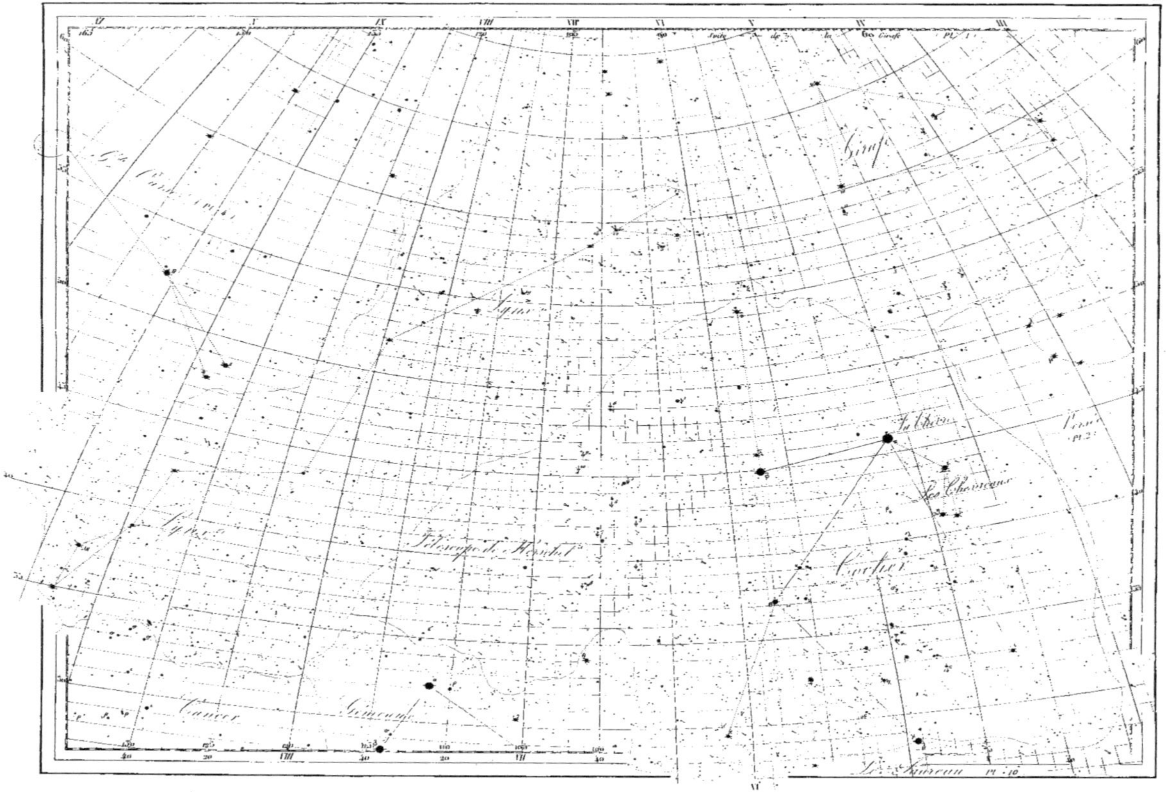

Girafe
La Grande Ourse
Lynx
Le Chien
Les Chevreaux
Cocher
Télescope de Herschel
Lynx
Cancer
Gémeaux
Le Taureau
Pl. 1
Pl. 2
Pl. 10

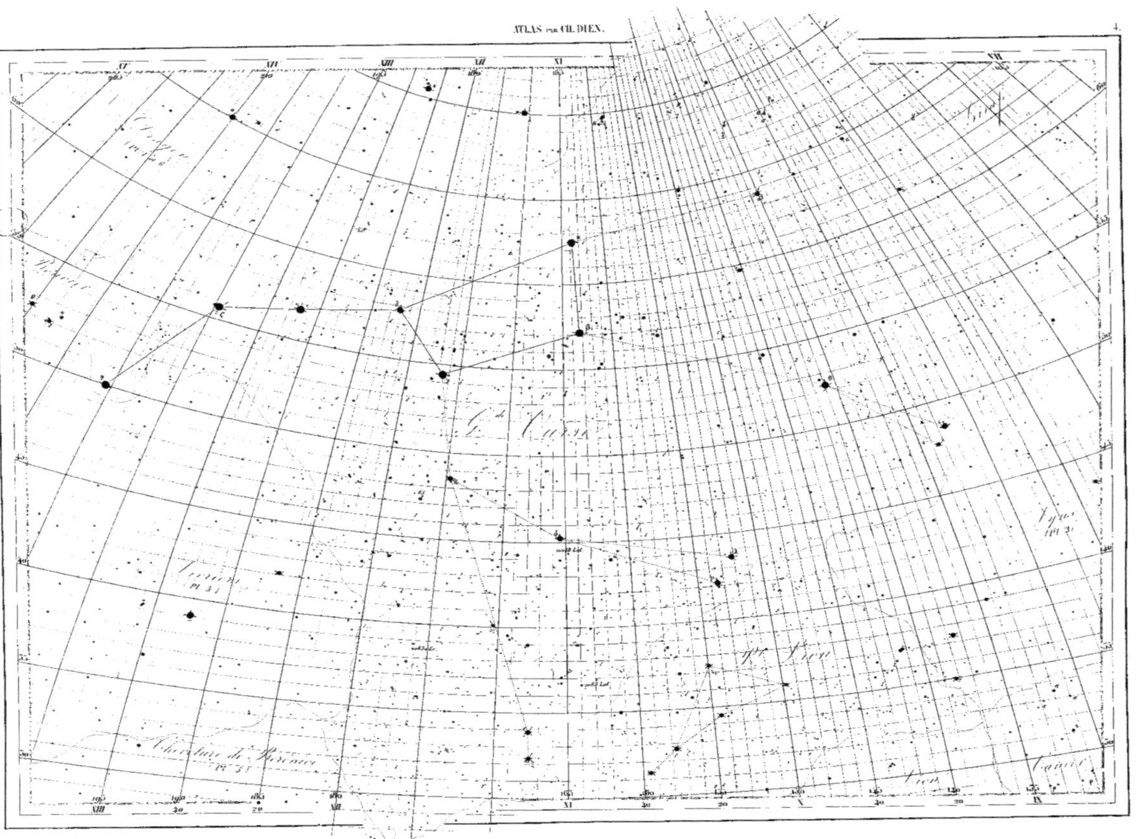

ATLAS par CH. DIEN.

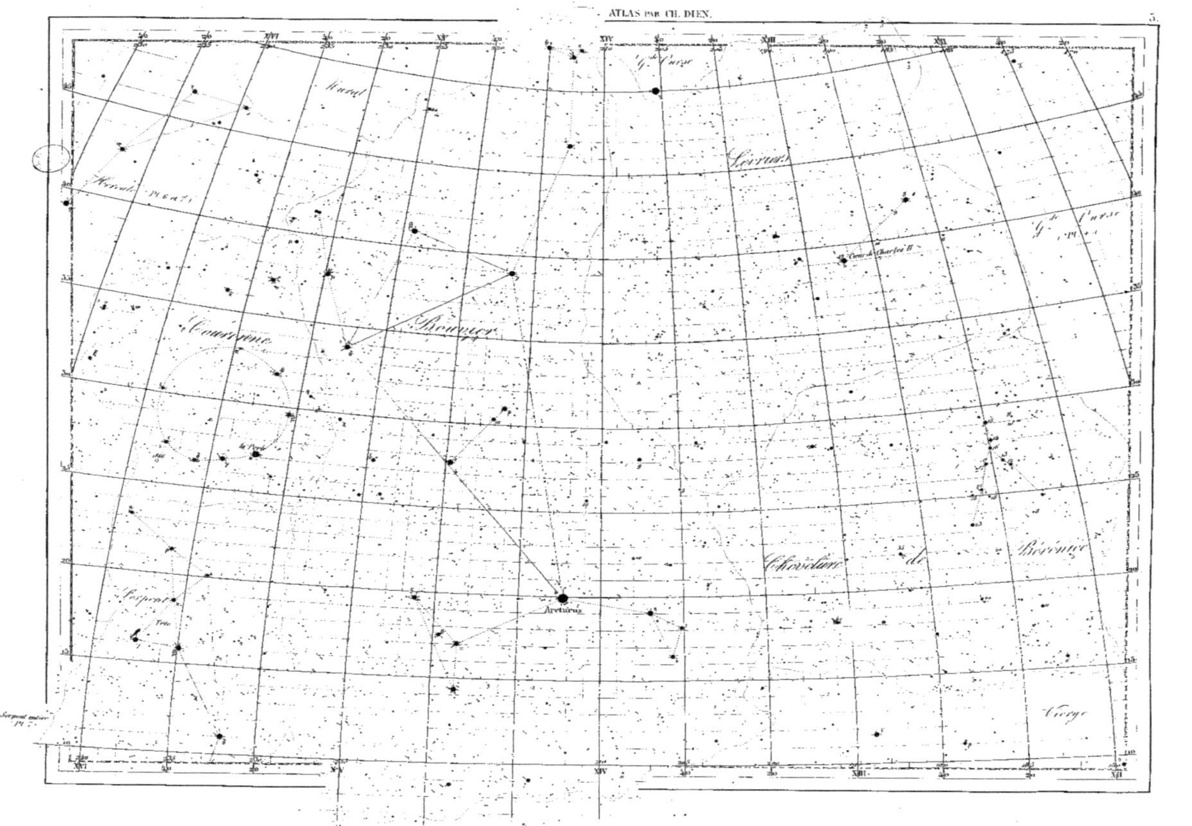

Gde Ourse
Hercule
Serrum
Gde Ourse
Boréal
Cœur de Charles II
Couronne
Bouvier
la Perle
Chevelure de Bérénice
Serpent
Tête
Arcturus
Serpent entier
Vierge

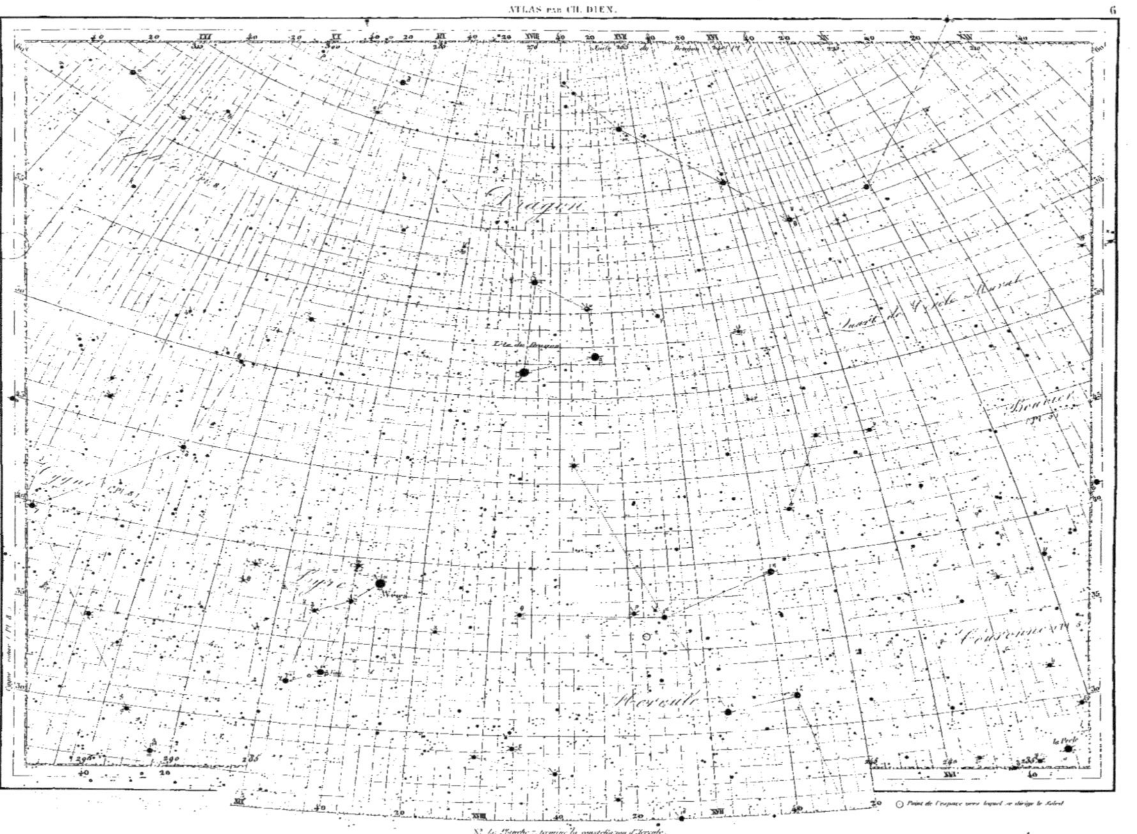
Dragon
Céphée
Limite du Cercle Boréal
L'Œil du Dragon
Bouvier
Cygne
Lyre
Wéga
Couronne B.
Hercule
la Perle
Point de l'espace vers lequel se dirige le Soleil
N.? La Planche 7, termine la constellation d'Hercule.

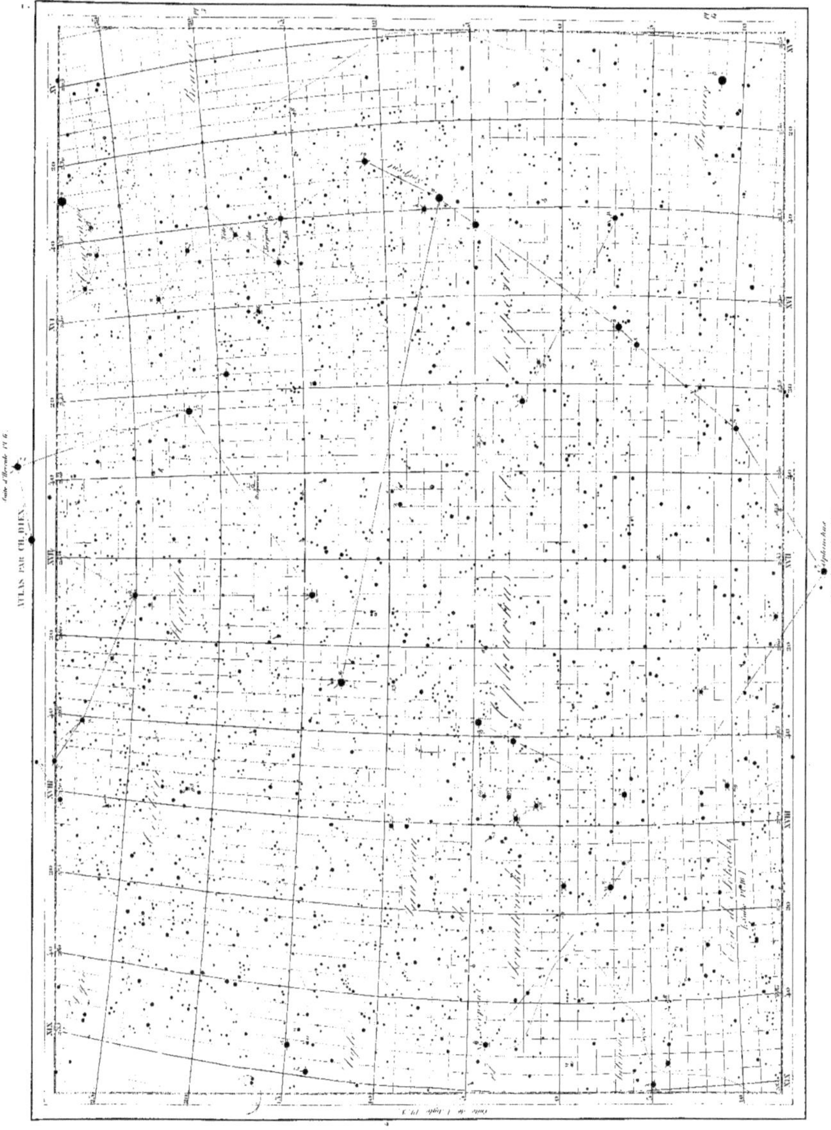

ATLAS PAR CH. DIEN

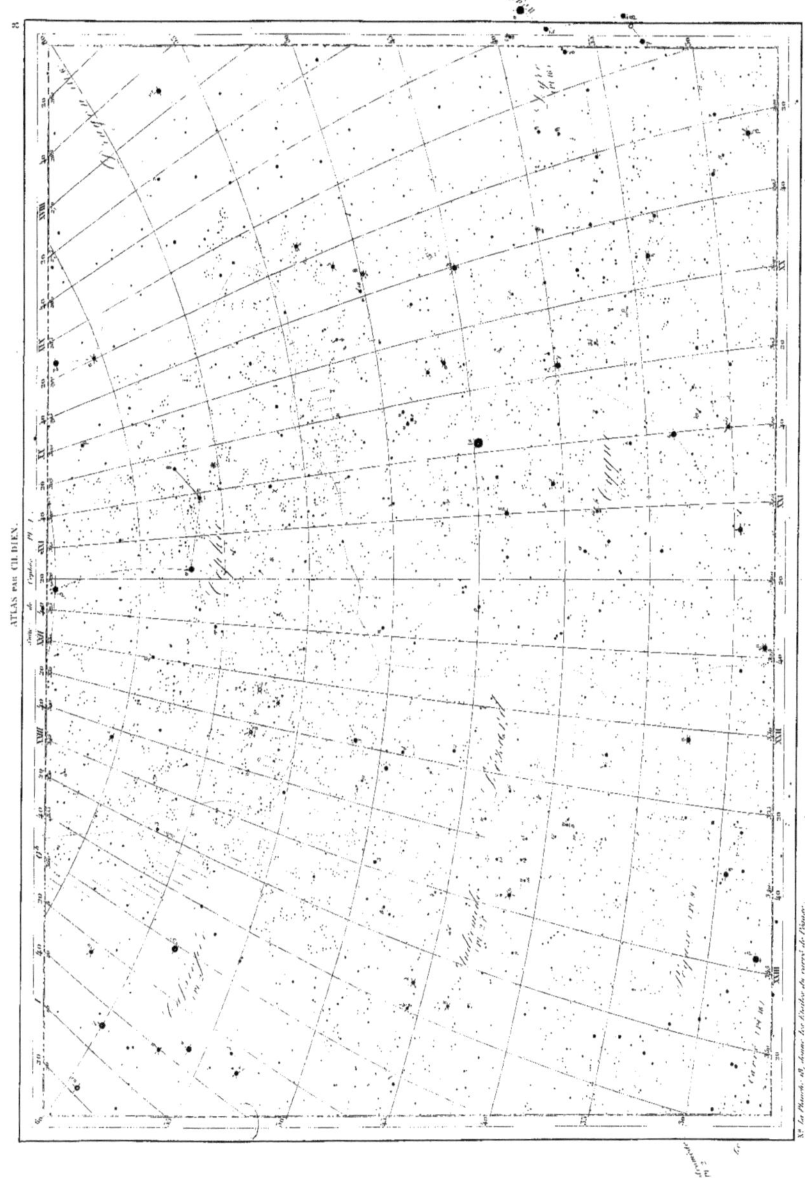

ATLAS par CH. DIEN.
Suite de Cephée Pl. 1.

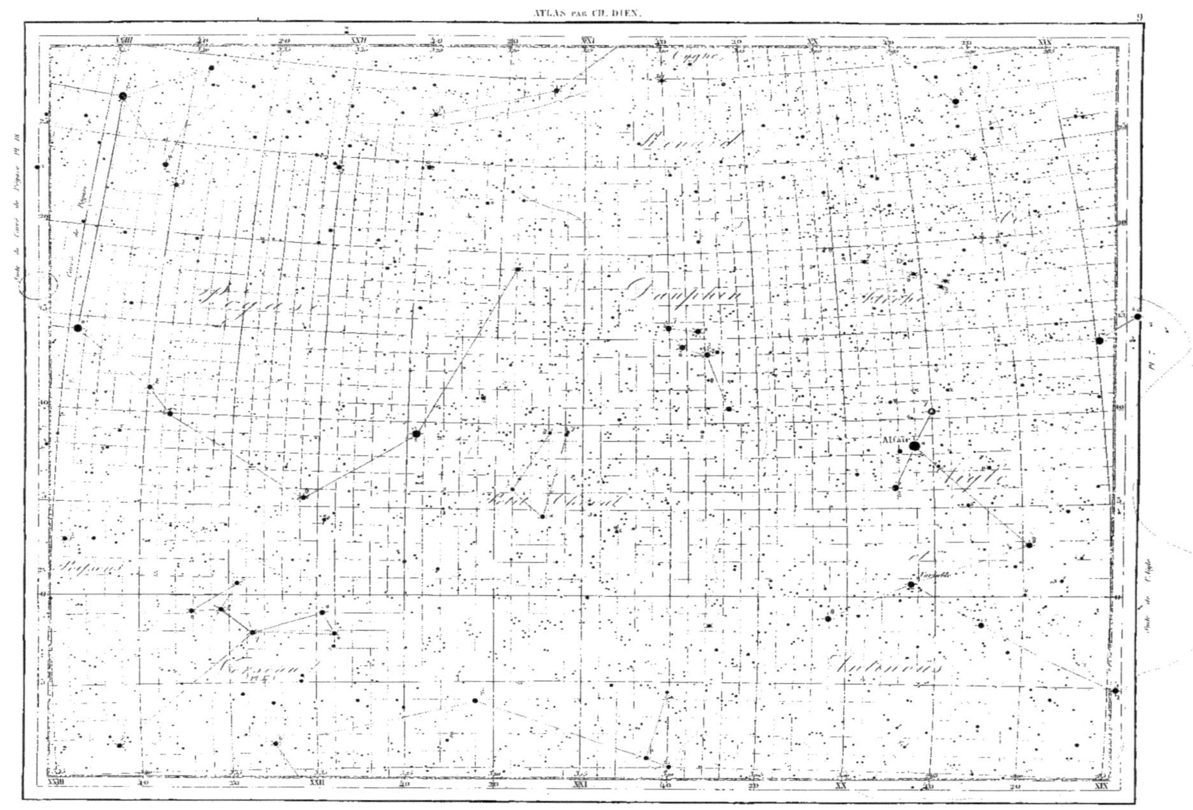

Cygne
Renard
Dauphin
Pégase
Aigle
Petit Cheval
Verseau
Poissons
Capricorne
Algair

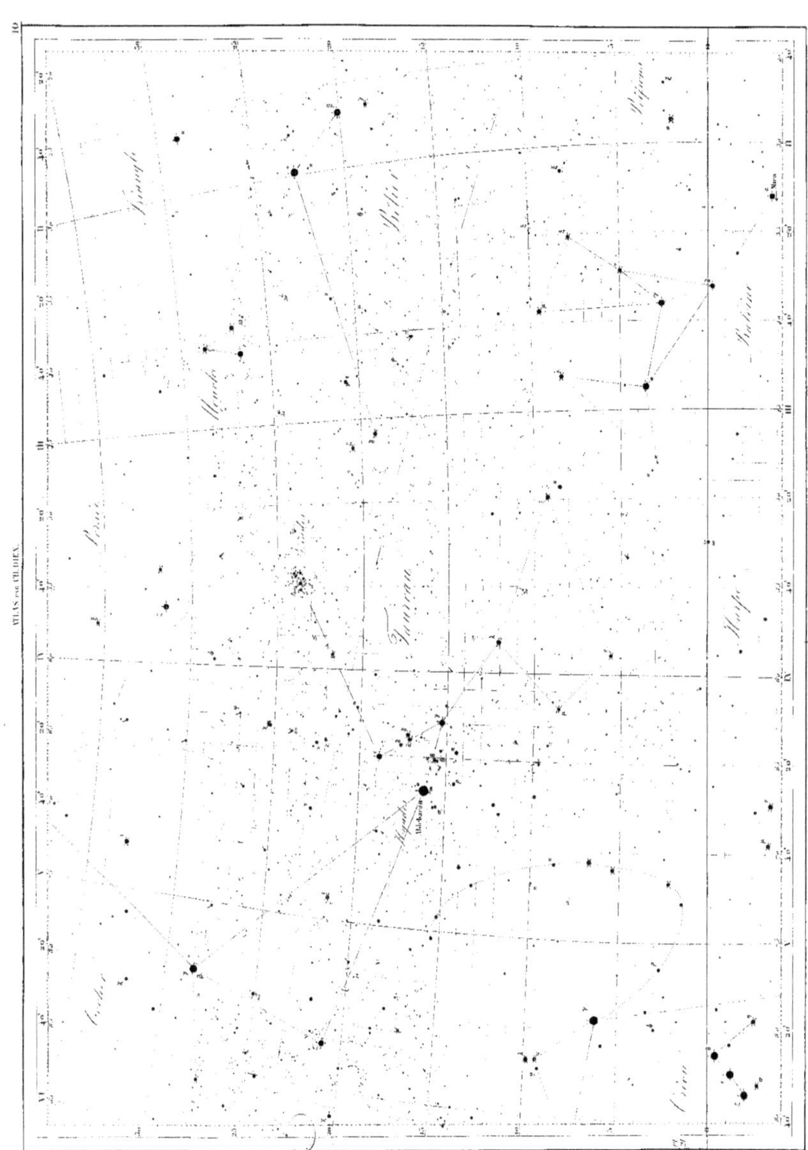

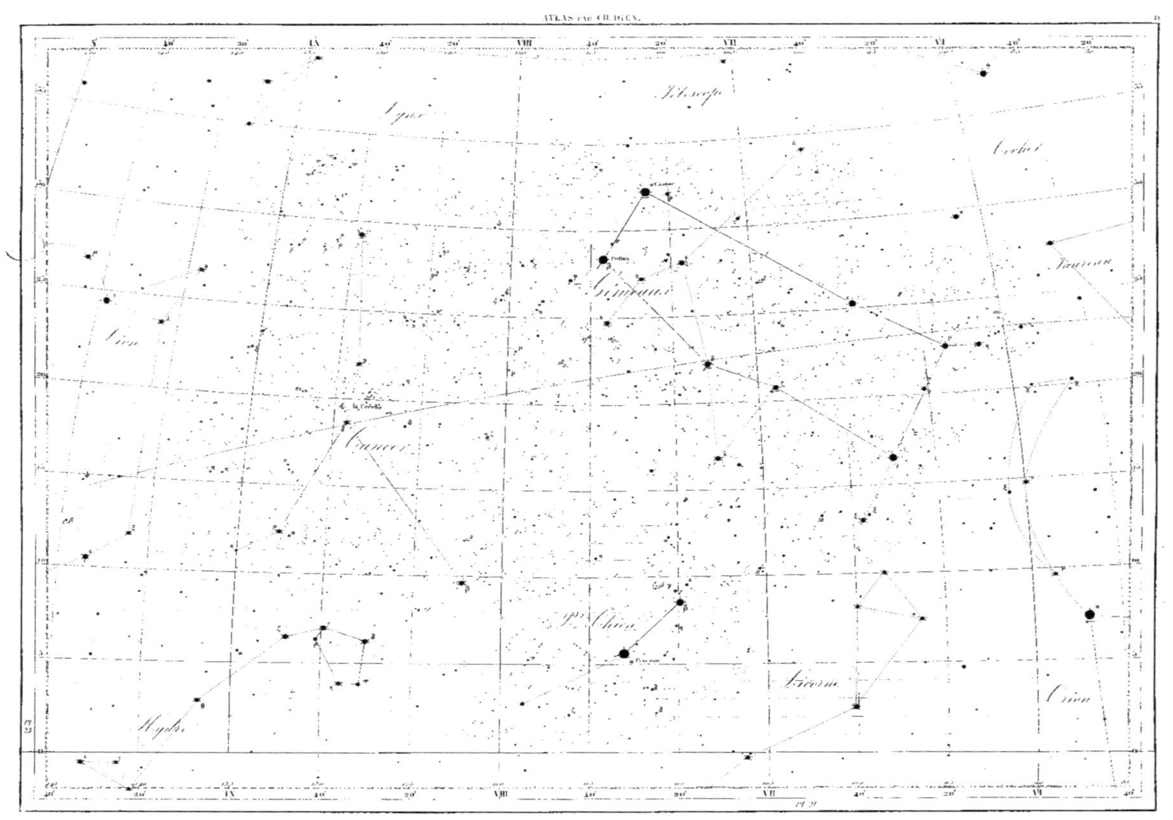
Lynx
Télescope
Cocher
Taureau
Gémeaux
Pollux
Lion
Cancer
Pt Chien
Licorne
Orion
Hydre

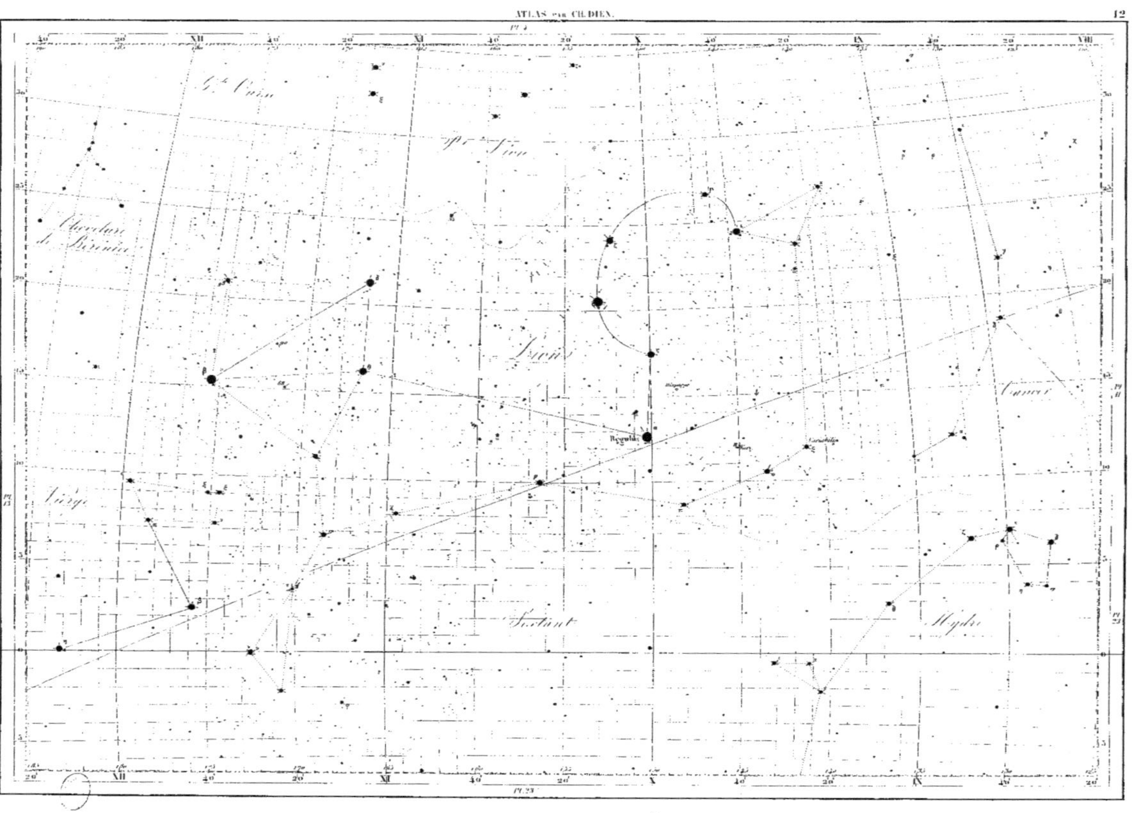

Gde Ourse
Chevelure de Bérénice
Chevelure de Bérénice
Cancer
Vierge
Lion
Regulus
Sextant
Hydre

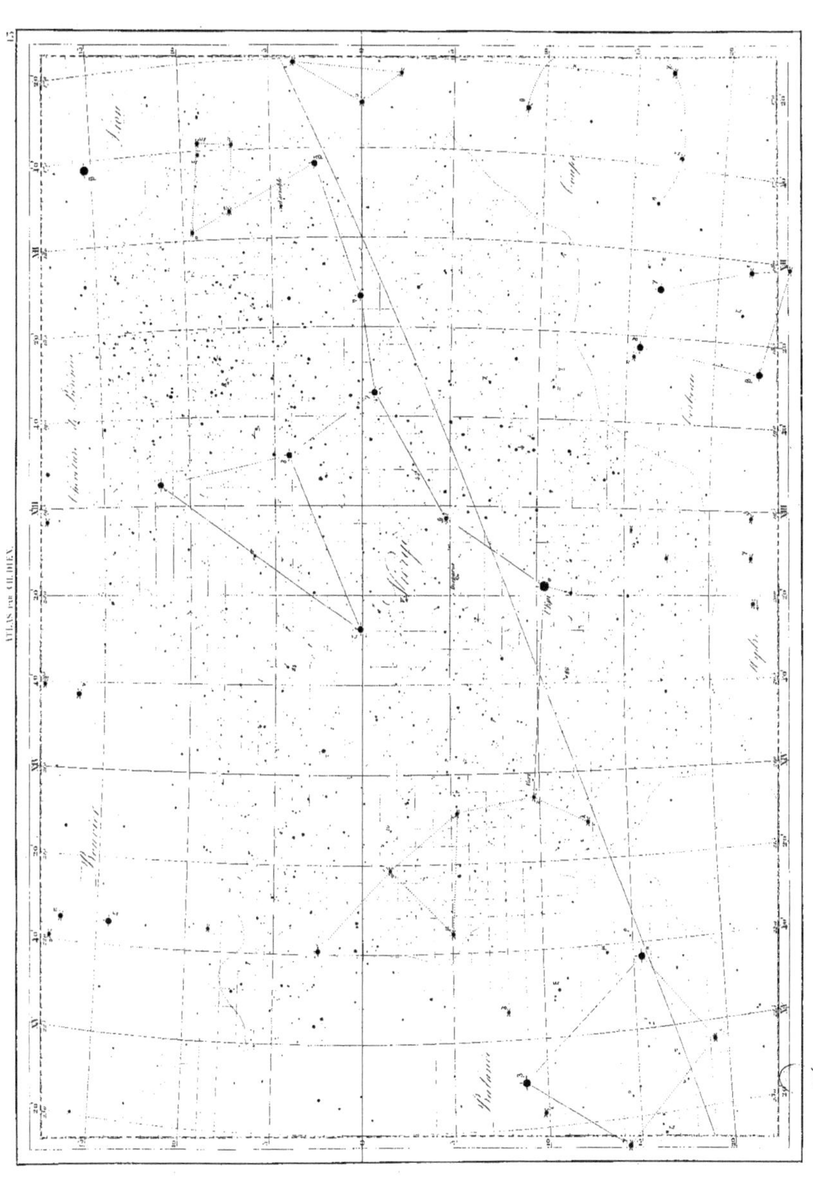

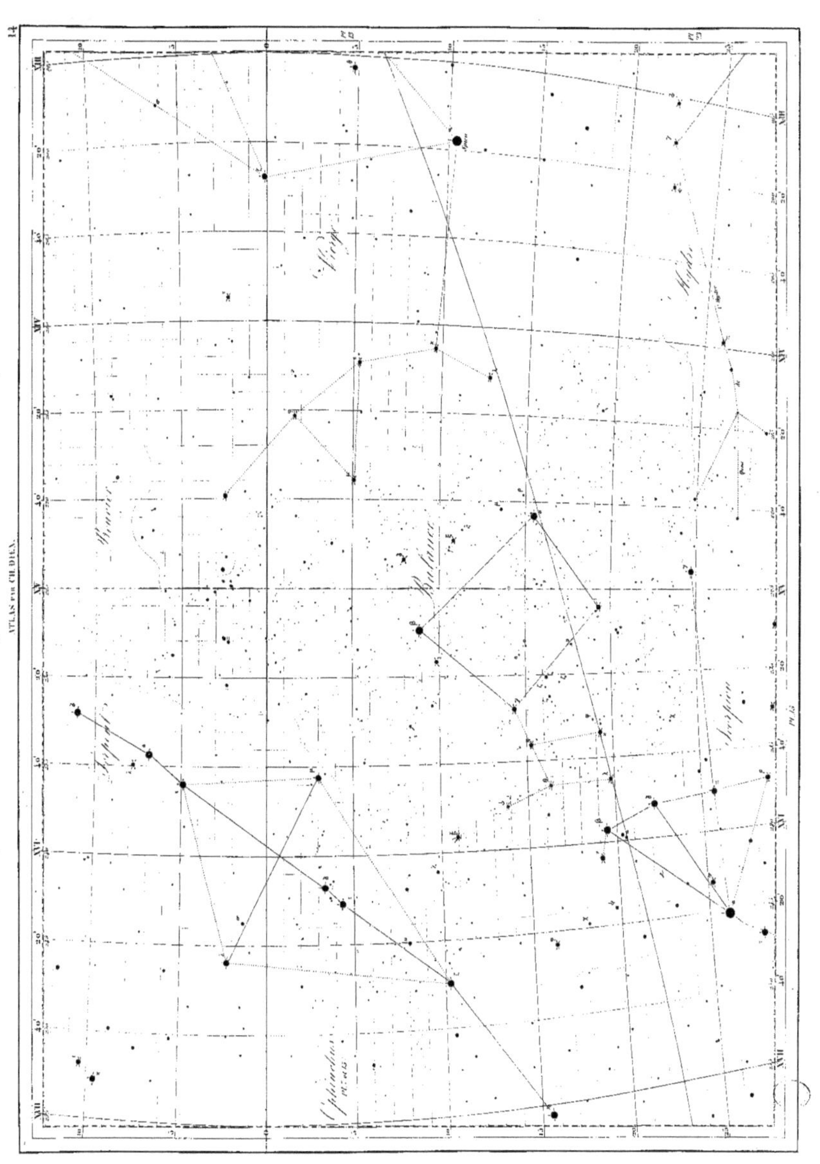

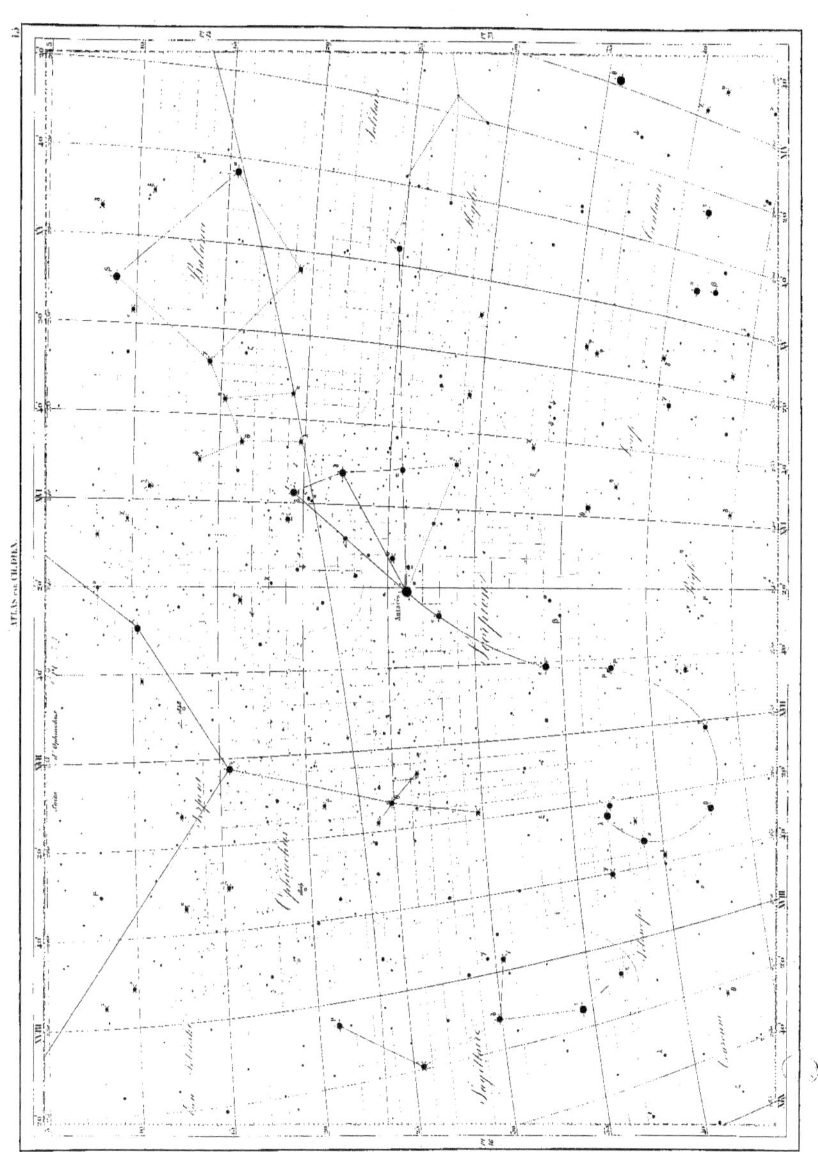
ATLAS CÉLESTE.
Hercule
Serpent
Ophiuchus
Scorpion
Sagittaire
Antarès

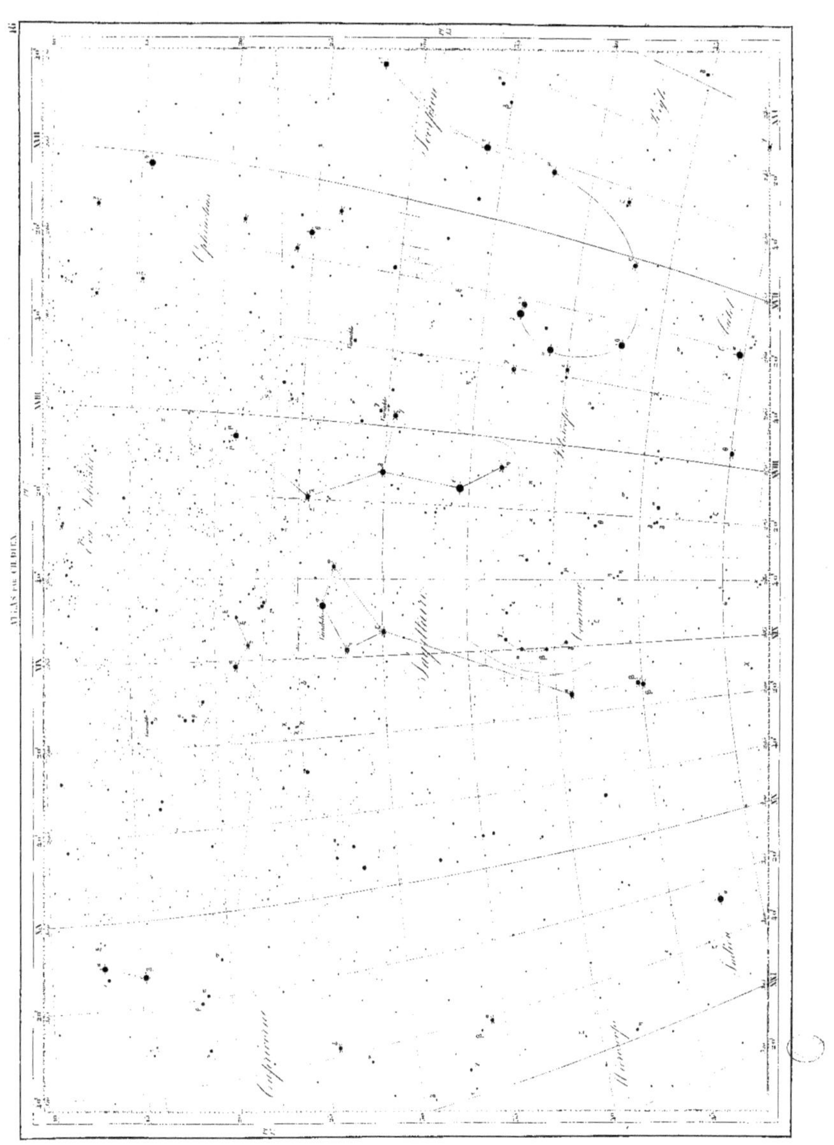

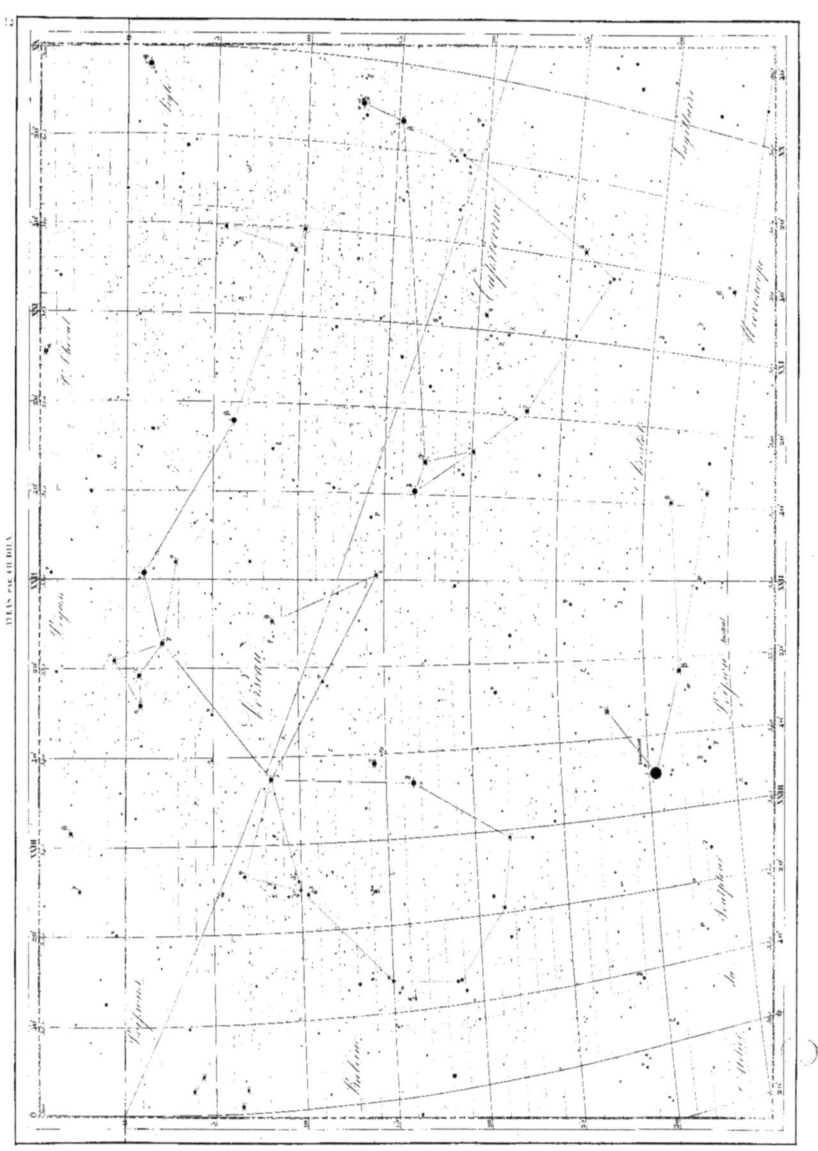

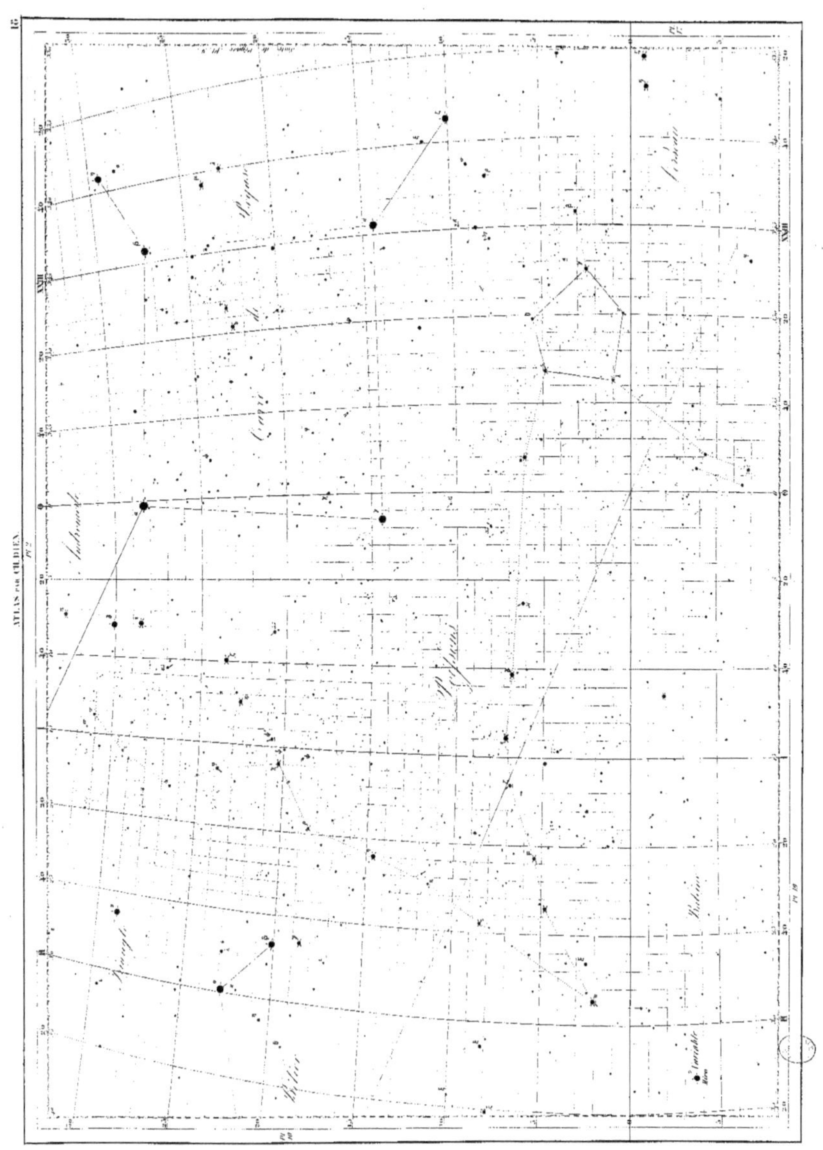

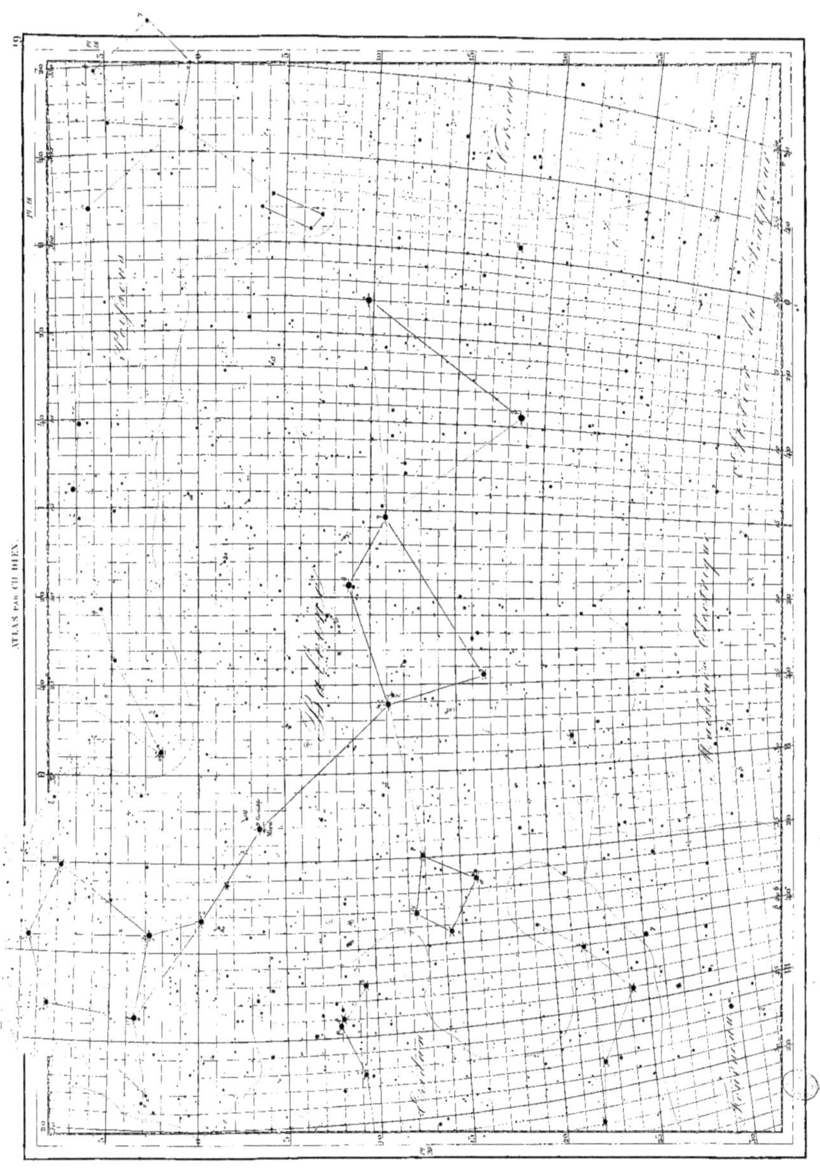

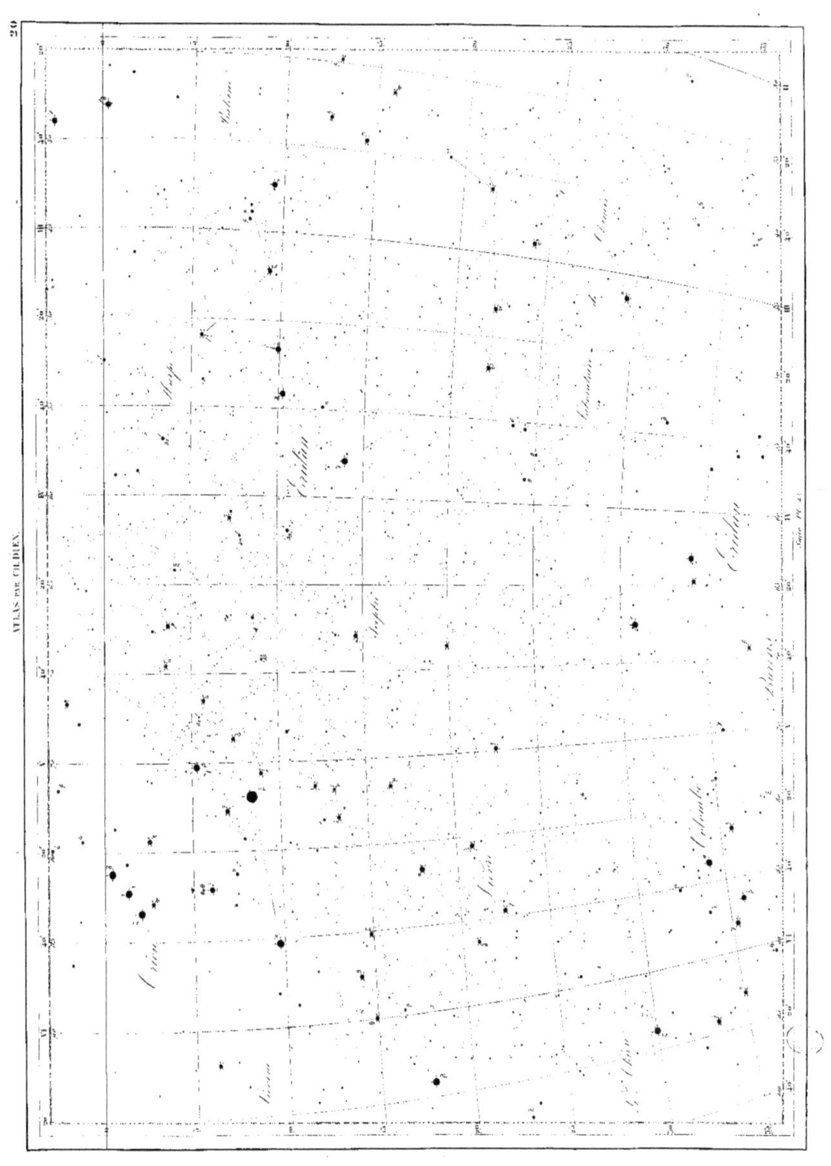

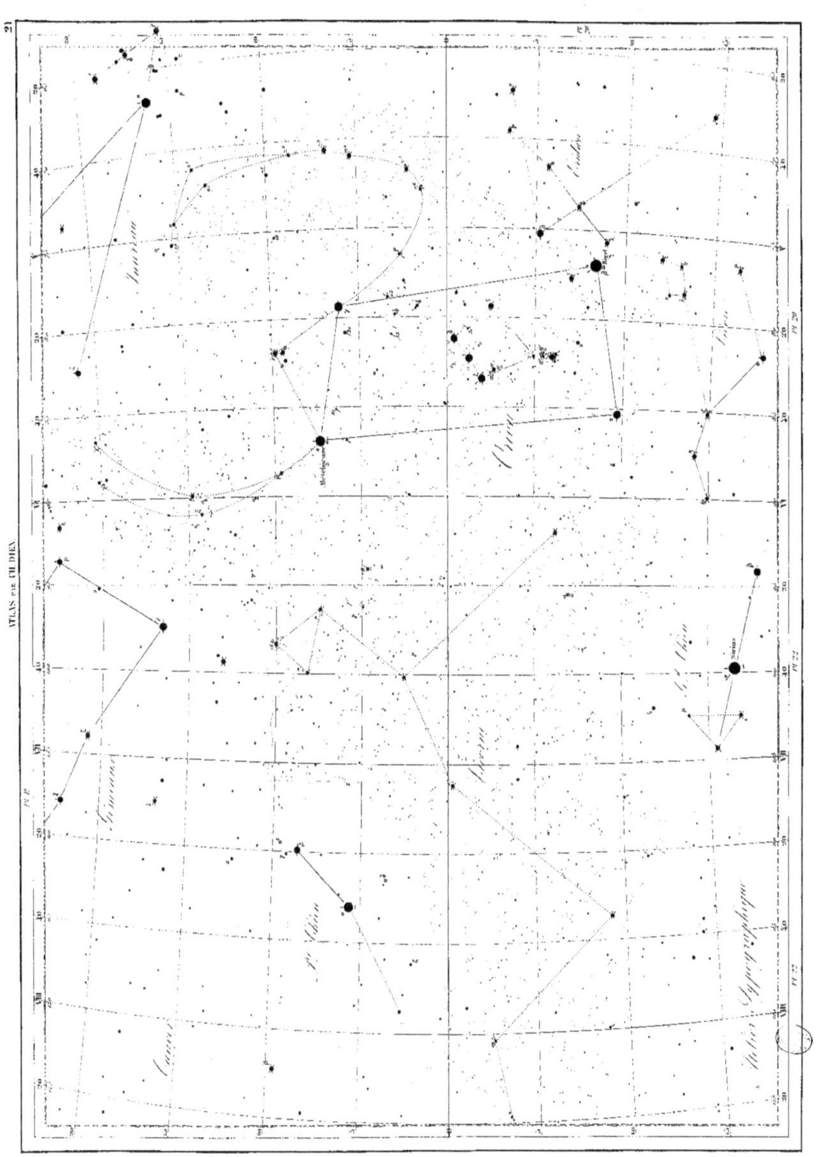

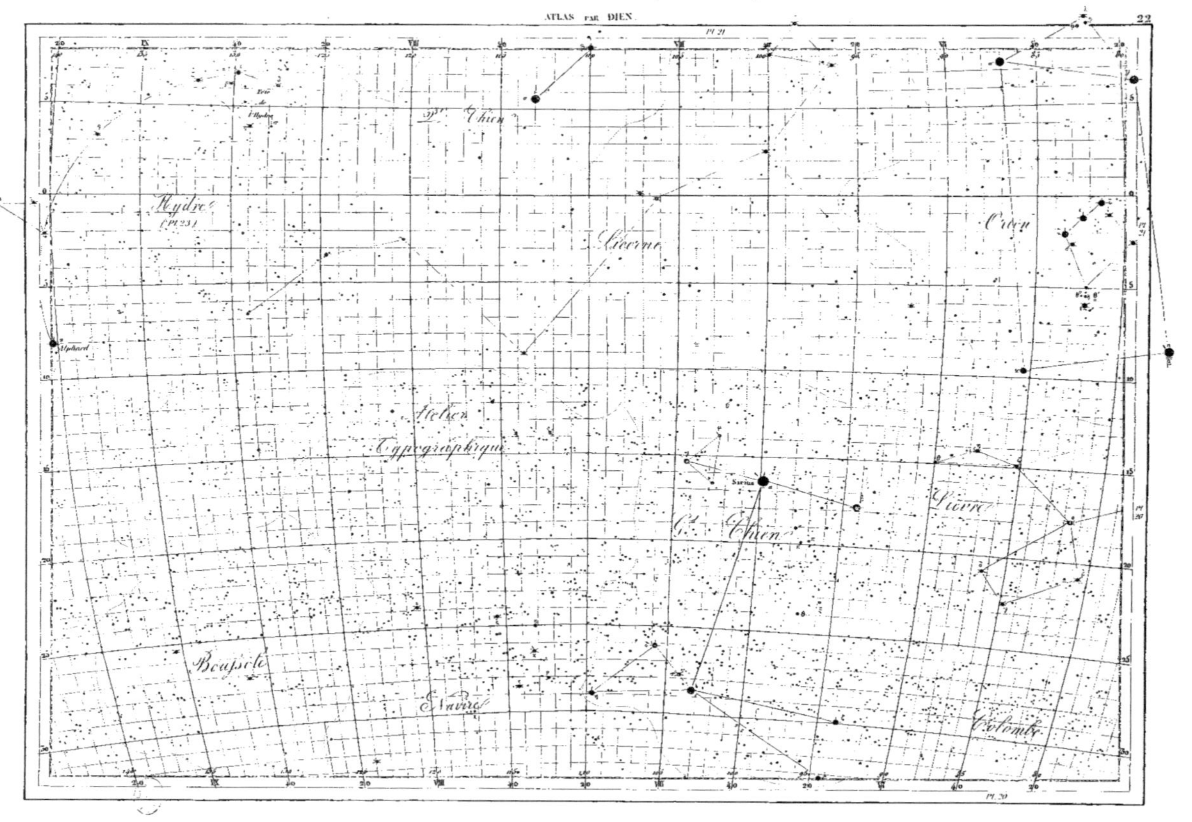

ATLAS PAR DIEN.
22
Pt. Chien
Hydre
(Pl.23)
Licorne
Orion
Alphard
Atelier
Typographique
Sirius
Lièvre
Gd. Chien
Boussole
Navire
Colombe

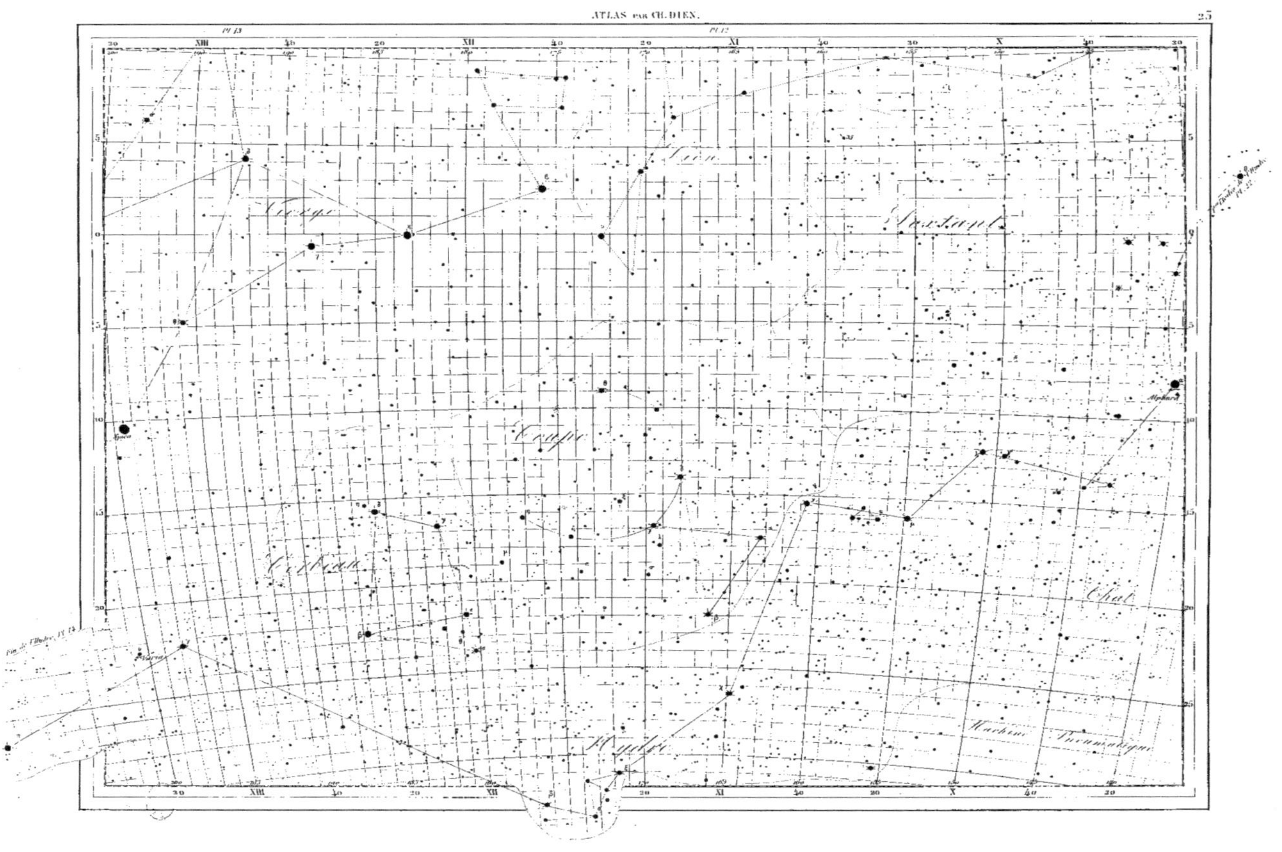

Licorne
Sextant
Petit Chien
Machine Pneumatique
Chat

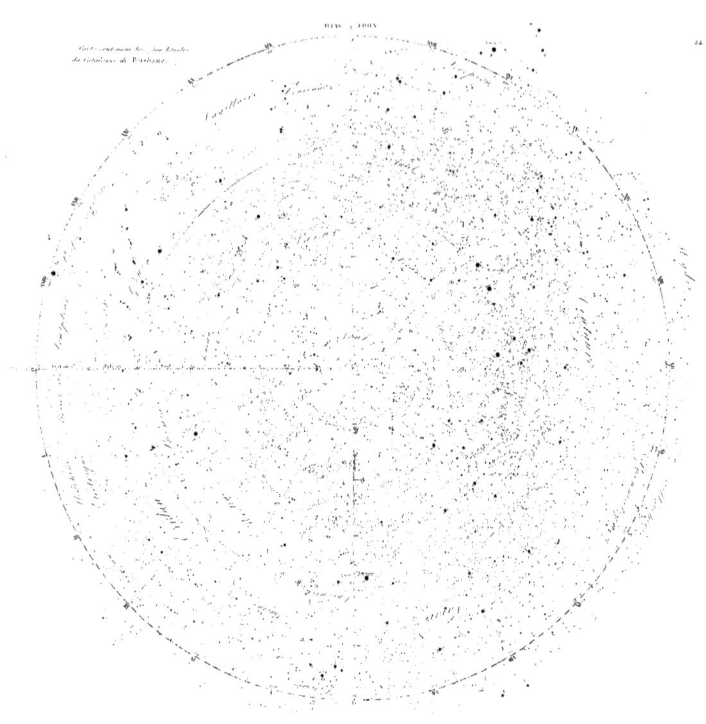

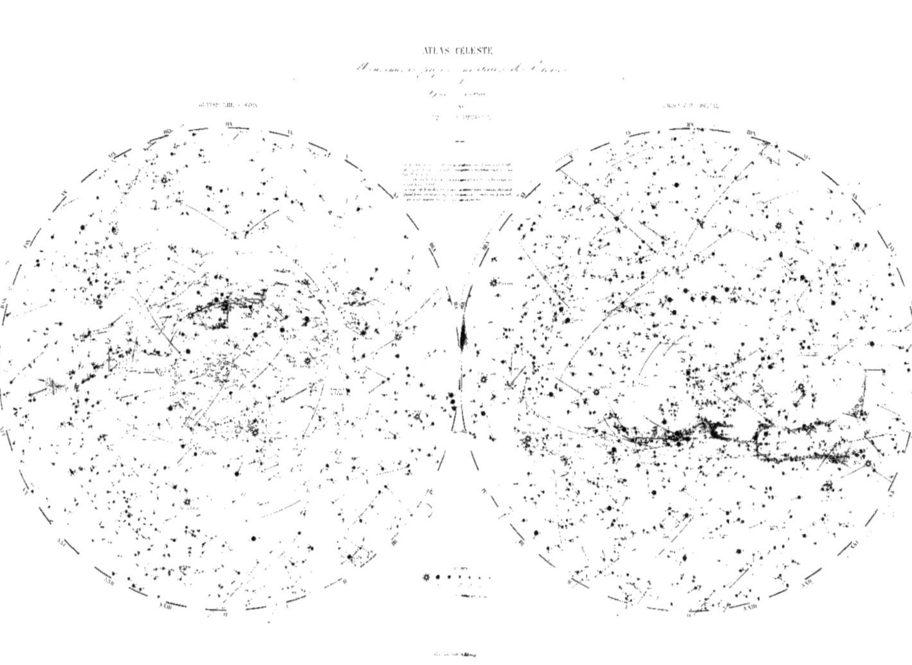

ATLAS CÉLESTE

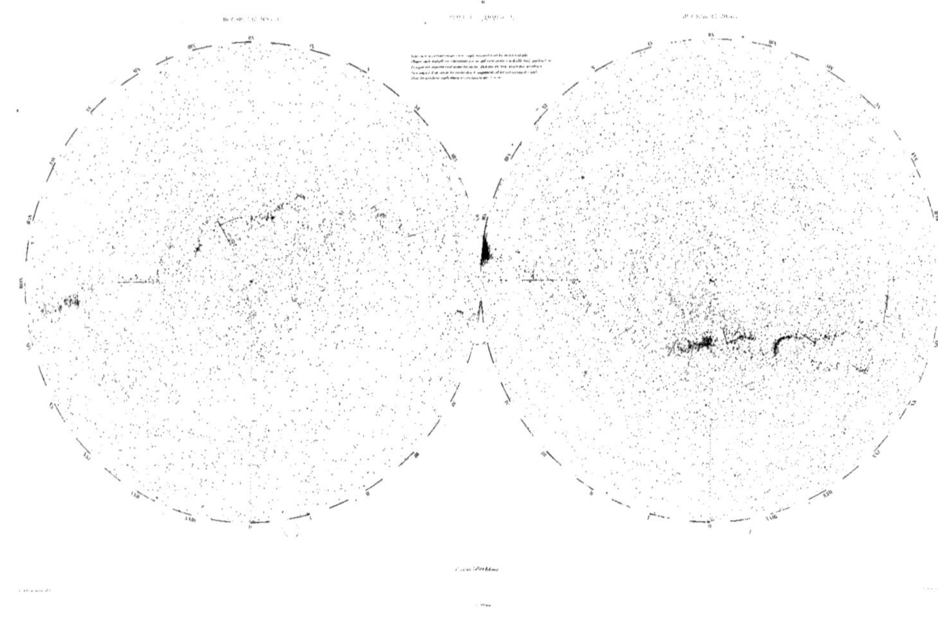

ATLAS CÉLESTE

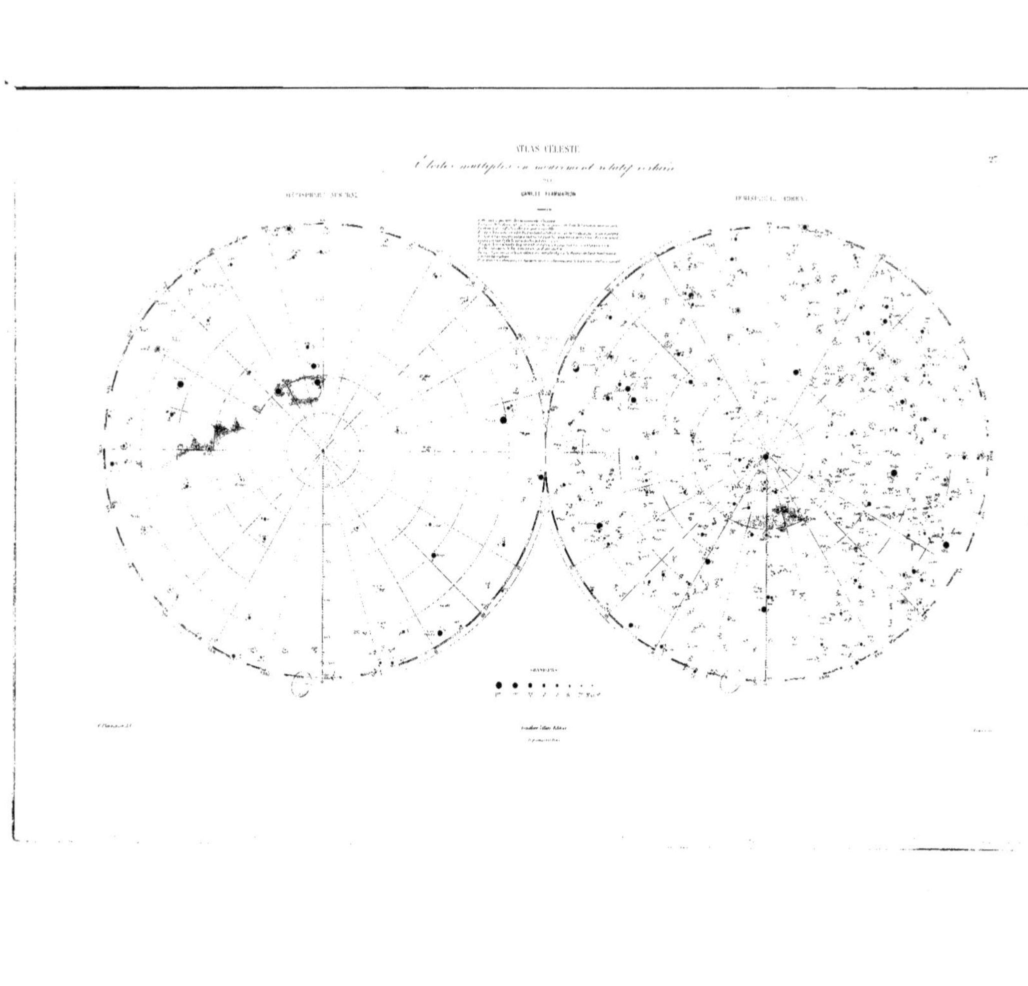

ATLAS CÉLESTE
Étoiles multiples ou mouvement relatif certain
PAR
CAMILLE FLAMMARION

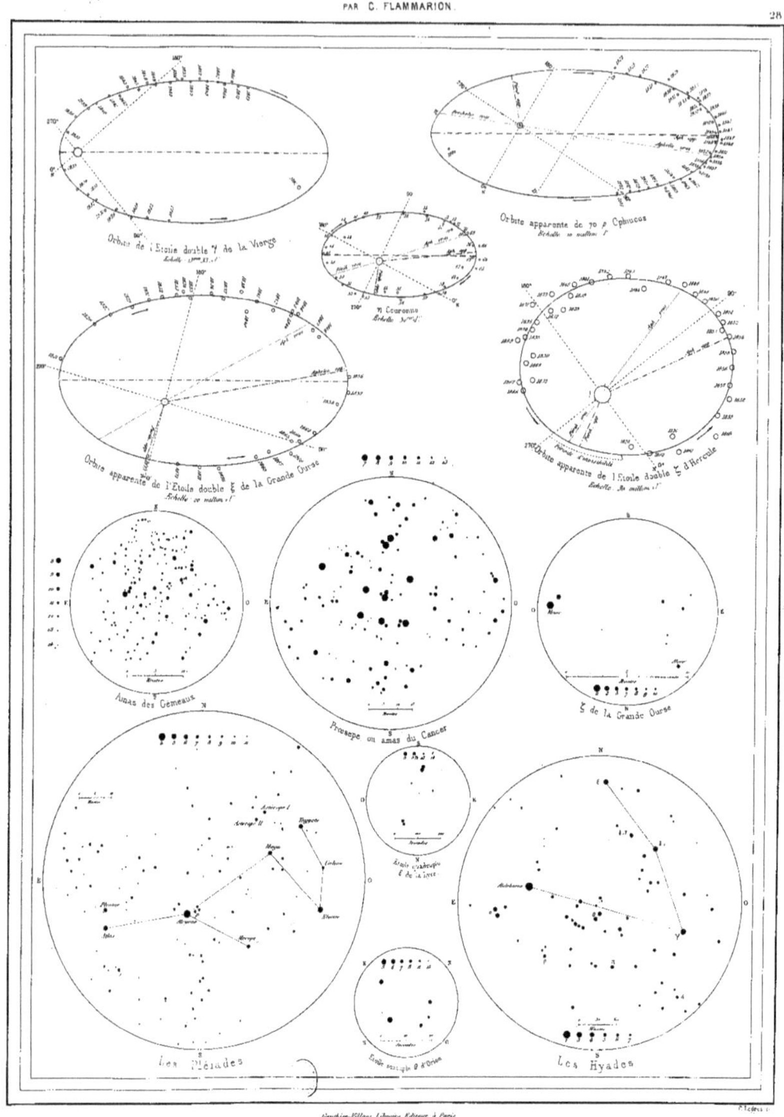

Orbite de l'Étoile double γ de la Vierge
Orbite apparente de 70 p Ophiucus
η Couronne
Orbite apparente de l'Étoile double ξ de la Grande Ourse
Orbite apparente de l'Étoile double ζ d'Hercule
Amas des Gemeaux
Praesepe ou amas du Cancer
ζ de la Grande Ourse
Les Pléiades
Étoile quadruple θ de la Lyre
Étoile sextuple θ d'Orion
Les Hyades

LEVY (Maurice), Ingénieur des Ponts et Chaussées, Docteur ès Sciences. — **La Statique graphique et ses** *Applications aux constructions*. Un beau volume grand in-8, avec un Atlas même format, comprenant 24 planches doubles; 1874......... 16 fr. 50 c.

La Statique graphique met à la disposition de tous, pour tenir lieu des savants et laborieux calculs auxquels se livrent encore journellement nos ingénieurs, des procédés simples et expéditifs. Ces procédés ont de plus le précieux avantage de porter toujours en eux-mêmes le principe de leur vérification, de telle sorte que s'ils peuvent, comme toutes les méthodes graphiques, laisser un doute sur une fraction décimale, chose très-indifférente en ce genre d'applications, ils sont en revanche exempts de ces chances d'erreurs grossières que comportent les longues opérations arithmétiques et les formules algébriques, où rien ne parle aux yeux.

L'Ouvrage que nous publions aujourd'hui contribuera, nous l'espérons, à propager en France cette science si utile, qui est enseignée partout à l'Étranger, dans les Écoles professionnelles comme dans les Instituts techniques supérieurs.

LONCHAMPT (A.), Préparateur aux baccalauréats ès lettres et ès sciences, et aux Écoles du Gouvernement. — **Recueil de Problèmes** tirés des *compositions données à la Sorbonne*, de 1853 à 1875-1876, pour les *Baccalauréats ès Sciences*, suivis des compositions de Mathématiques élémentaires, de Physique, de Chimie et de Sciences naturelles, données aux *Concours généraux* de 1846 à 1875-1876, et de *types d'examens* du baccalauréat ès lettres et ès baccalauréats ès sciences. 2e édition; in-18 jésus, avec figures dans le texte et planches; 1876-1877:

Ire Partie: Arithmétique.-Algèbre.-Trigonométrie. Questions. 1 fr. 50 c.
  Solutions. 2 fr. 5o c.

IIe Partie: Géométrie.......... Questions. 1 fr. 5o c.
  Atlas.. 1 fr. 5o c.
  Solutions. 3 fr. 5o c.

IIIe Partie: Approximations numériques (THÉORIE ET APPLICATION). — Maxima et minima (THÉORIE ET QUESTIONS). — Courbes usuelles, Géométrie descriptive, Cosmographie, Mécanique........ Théories et Questions. 1 fr. 5o c.
  Solutions. 1 fr. 5o c.

IVe Partie: Physique. — Chimie.......... Questions.
  Solutions.

Ve Partie: Types d'examens du Baccalauréat ès lettres, du Baccalauréat ès Sciences complet, du Baccalauréat ès Sciences restreint. — Compositions de Mathématiques élémentaires et des Sciences physiques et naturelles données aux Concours généraux de 1849 à 1876...........

MARCHAND (E.), Lauréat de l'Institut, Membre Correspondant de l'Académie de Médecine, etc. — **Étude sur la force chimique contenue dans la lumière du Soleil**, et la mesure de sa puissance et la détermination des climats qu'elle caractérise. In-8; 1875......... 7 fr. 50 c.

MARIÉ-DAVY, Directeur de l'Observatoire de Montsouris. — **Instructions pour les observations météorologiques** (baromètres, thermomètres, actinomètre, hygromètres, psychromètres, pluviomètre, évaporomètre, anémomètre, phénomènes divers, *Tables de réduction*, etc.). In-4, avec figures dans le texte; 1876......... 2 fr. 50 c.

OGER (F.), Professeur d'Histoire et de Géographie au Collège Sainte-Barbe. — **Cours d'Histoire générale**, à l'usage des Lycées, des Établissements d'Instruction publique, des Candidats aux Écoles du Gouvernement et aux Baccalauréats, rédigé conformément aux *Programmes officiels*:

I. — *Histoire de l'Europe depuis l'invasion des Barbares jusqu'au* XIVe siècle. 2e édition; 1875......... 3 fr. 5o c.
II. — *Histoire de l'Europe depuis le* XIVe *jusqu'au milieu du* XVIIe siècle, 2e édition; 1873......... 3 fr. 5o c.
III. — *Histoire de l'Europe de l'année* 1610 à 1848. 3e édition. In-8; 1875......... 6 fr. 5o c.
IV. — *Histoire de l'Europe de l'année* 1610 à 1815. 2e édition. In-8; 1875 (Cours de Rhétorique)......... 7 fr. 5o c.

OGER (F.), Professeur d'Histoire et de Géographie, Maître de Conférences au Collège Sainte-Barbe. — **Géographie de la France et Géographie générale, physique, militaire, historique, politique, administrative et statistique**, *rédigés conformément au programme officiel*, à l'usage des Candidats aux Écoles du Gouvernement et des Aspirants aux Baccalauréats ès Lettres et ès Sciences. 6e édition, entièrement refondue pour la Géographie générale et mise au courant des derniers changements politiques et des plus récentes découvertes géographiques. Volume in-8; 1876. 3 fr.

Cet Ouvrage correspond à l'*Atlas de Géographie générale* du même auteur.

OGER (F.), Professeur d'Histoire et de Géographie au Collège Sainte-Barbe. — **Atlas de Géographie**:

Atlas de Géographie générale, à l'usage des Lycées, des Collèges, des Institutions préparatoires aux Écoles du Gouvernement et de tous les Établissements d'Instruction publique. 6e édition. In-plano, cartonné, contenant 31 Cartes coloriées; 1874......... 14 fr.

Atlas Géographique et Historique à l'usage de la classe de QUATRIÈME. In-plano cartonné, contenant 16 cartes coloriées; 1875..... 8 fr. 5o c.

Atlas Géographique et Historique à l'usage de la classe de CINQUIÈME. In-plano cartonné, contenant 18 cartes coloriées; 1875..... 8 fr. 5o c.

Atlas Géographique et Historique à l'usage de la classe de SIXIÈME. In-plano cartonné, contenant 18 cartes coloriées; 1875............. 6 fr.

Atlas Géographique et Historique à l'usage des CLASSES ÉLÉMENTAIRES (7e, 8e et 9e), contenant 13 cartes coloriées; 1875............... 6 fr.

Pour faciliter l'adoption des Cartes dressées par M. Oger, nous publions, ainsi qu'il est indiqué ci-dessus à la suite de l'*Atlas de Géographie générale*, des Atlas partiels, complétés par des Cartes du Monde ancien et destinés spécialement aux classes de Quatrième, Cinquième, Sixième et aux classes élémentaires (Septième, Huitième et Neuvième).

PASTEUR (L.), Membre de l'Institut. — **Études sur la bière et ses maladies**; *causes qui les provoquent, procédé pour la rendre inaltérable*, avec une THÉORIE NOUVELLE DE LA FERMENTATION. Un beau volume grand in-8, contenant 12 pl. gravées et 85 figures dans le texte; 1876. 20 fr.

Pour recevoir *franco*, dans tous les pays faisant partie de l'Union postale, l'Ouvrage soigneusement emballé entre cartons, ajouter 1 fr.

PASTEUR (L.), Membre de l'Institut. — **Études sur la maladie des Vers à soie**; *moyen pratique assuré de la combattre et d'en prévenir le retour*. Deux beaux volumes grand in-8, avec figures dans le texte et 37 planches; 1870......... 20 fr.

PETIT (F.), Correspondant de l'Institut, Directeur de l'Observatoire de Toulouse, Professeur à la Faculté des Sciences. — **Traité d'Astronomie pour les gens du monde**, avec des *Notes complémentaires* pour les Candidats au Baccalauréat, aux Écoles spéciales et à la Licence ès Sciences mathématiques. 2 volumes in-18 jésus, avec 286 figures dans le texte et une Carte céleste; 1866......... 7 fr.

PONCELET, Membre de l'Institut. — **Introduction à la Mécanique industrielle, physique ou expérimentale**. 3e édition, publiée par M. Kretz, Ingénieur en chef des Manufactures de l'État. Un beau volume in-8 de 757 pages, avec 3 planches; 1870......... 12 fr.

PONCELET, Membre de l'Institut. — **Cours de Mécanique appliquée aux machines**; publié par M. Kretz, Ingénieur en chef des Manufactures de l'État. 2 volumes in-8, se vendant séparément:

1re PARTIE: *Machines en mouvement, Régulateurs et transmissions, Résistances passives*, avec 117 fig. et 2 pl.; 1874.. 12 fr.

2e PARTIE: *Mouvements des fluides, Moteurs, Ponts-levis*, avec 111 figures; 1876......... 12 fr.

RESAL (H.), Ingénieur des Mines, Docteur ès Sciences. — **Traité élémentaire de Mécanique céleste**. In-8, avec planche; 1865......... 8 fr.

L'Auteur s'est proposé pour but dans cet Ouvrage d'exposer les principes fondamentaux de la *Mécanique céleste* à l'aide de démonstrations assez simples pour être introduites dans l'enseignement.

RESAL (H.), Membre de l'Institut, Ingénieur des Mines, adjoint au Comité d'Artillerie pour les études scientifiques. — **Traité de Mécanique générale**, comprenant les *Leçons professées à l'École Polytechnique*. 4 vol. in-8, se vendant séparément:

TOME I: *Cinématique. — Théorèmes généraux de la Mécanique. — De l'équilibre et du mouvement des corps solides.* In-8, avec figures dans le texte; 1873......... 9 fr. 5o c.

TOME II: *Frottement. — Équilibre intérieur des corps. — Théorie mathématique de la poussée des terres. — Équilibre et mouvements vibratoires des corps isotropes. — Hydrostatique. — Hydrodynamique. — Hydraulique. — Thermodynamique, suivie de la théorie des armes à feu.* In-8, avec figures dans le texte; 1874......... 9 fr. 5o c.

TOME III: *Des machines considérées au point de vue des transformations de mouvement et de la transformation du travail des forces. — Application de la Mécanique à l'Horlogerie.* In-8, avec belles figures ombrées dans le texte; 1875......... 11 fr.

TOME IV et dernier: *Moteurs animés. — De l'eau et du vent comme moteurs. — Machines hydrauliques et élévatoires. — Machines à vapeur, à air chaud et à gaz.* In-8, avec 200 belles figures, levées et dessinées d'après les meilleurs types; 1876......... 15 fr.

ROCHE (Édouard). Professeur à la Faculté des Sciences de Montpellier. — **Essai sur la constitution et l'origine du système solaire**. In-4, avec 1 planche; 1873......... 4 fr. 5o c.

ROMAN (Léopold), de Miramas. — **Manuel du Magnanier**. *Application des théories de M. Pasteur à l'éducation des vers à soie*. Un beau volume in-18 jésus, précédé d'une dédicace à M. PASTEUR, et orné de nombreuses figures dans le texte et de 6 planches en couleur; 1876. 4 fr. 5o c.

Grâce aux remarquables travaux de M. Pasteur, l'industrie séricicole tend à reprendre son importance. Au découragement des éducateurs qui, depuis plus de vingt-cinq ans, voyaient leurs récoltes tour à tour anéanties par des maladies inconnues, succède enfin la confiance en l'avenir. Il est même certain que le jour où les magnaniers sauront abandonner les errements de la routine et entrer franchement dans la voie du progrès tracée par M. Pasteur, que le jour où ils feront eux-mêmes leurs graines comme autrefois, sans avoir recours à des marchands trop souvent sans loyauté, que ce jour-là, disons-nous, s'ouvrira pour la sériciculture une ère nouvelle qui lui rendra son ancienne prospérité. L'Auteur du *Manuel du Magnanier*, instruit par de longues et pénibles expériences, a pensé qu'il rendrait un véritable service aux sériciculteurs en décrivant aussi simplement que possible les nouveaux procédés, et en mettant à la portée de toutes les intelligences la méthode simple et économique qui doit être appliquée.

Nous sommes heureux d'ajouter que le savant M. Pasteur, auquel la sériciculture doit une éternelle reconnaissance, a bien voulu accepter la dédicace de cet Ouvrage et lui donner son approbation.

SAINT-EDME (E.), Professeur de Sciences physiques aux Écoles municipales d'Auteuil, Lavoisier, Turgot et à l'École supérieure du Commerce. — **L'Électricité appliquée aux Arts mécaniques, à la Marine, au Théâtre**. In-8, avec belles fig. gravées sur bois, dans le texte; 1871. 4 fr.

SAINT-GERMAIN (de), Professeur de Mécanique à la Faculté des Sciences de Caen, ancien Maître de Conférences à l'École des Hautes Études de Paris. — **Recueil d'Exercices sur la Mécanique rationnelle**, à l'usage des candidats à la Licence et à l'Agrégation des Sciences mathématiques. In-8, avec figures dans le texte; 1876......... 8 fr. 5o c.

SERRET (J.-A.), Membre de l'Institut, Professeur au Collège de France et à la Faculté des Sciences de Paris. — **Cours d'Algèbre supérieure**. 4e édition; 2 forts volumes in-8; 1877......... 25 fr.

TISSERAND, Correspondant de l'Institut, Directeur de l'Observatoire de Toulouse, ancien Maître de Conférences à l'École des Hautes Études de Paris. — **Recueil complémentaire d'Exercices sur le Calcul infinitésimal**, à l'usage des candidats à la Licence et à l'Agrégation des Sciences mathématiques. (Cet Ouvrage forme une suite naturelle à l'excellent *Recueil d'Exercices* de M. Frenet.) In-8, avec fig. dans le texte; 1876. 7 fr. 5o c.

TYNDALL (J.), Professeur de Philosophie naturelle à l'Institution Royale de la Grande-Bretagne. — **La Chaleur**, *Mode de mouvement*. Deuxième édition française, traduite de l'anglais, sur la 4e édition, par M. l'Abbé Moigno. Un beau volume in-18 jésus de XXXII-576 pages, avec 110 figures dans le texte; 1874......... 8 fr.

TYNDALL (John), Professeur à l'Institution royale et à l'École royale des Mines de la Grande-Bretagne. — **Le Son**, traduit de l'anglais et augmenté d'un *Appendice* par M. l'Abbé Moigno. Un beau volume in-8, orné de figures dans le texte; 1869......... 7 fr.

TYNDALL (John). — **La Lumière**; *six Leçons faites en Amérique pendant l'hiver de 1872-1873*; Ouvrage traduit de l'anglais par M. l'Abbé Moigno. In-8, avec portrait de l'auteur et nombreuses figures dans le texte; 1875......... 7 fr.

ZEUNER, Professeur de Mécanique à l'École Polytechnique fédérale de Zurich. — **Théorie mécanique de la Chaleur**, avec ses APPLICATIONS AUX MACHINES. 2e édition, entièrement refondue, avec figures dans le texte et nombreux tableaux. Ouvrage traduit de l'allemand et augmenté d'un *Appendice* comprenant les travaux postérieurs à la publication du texte allemand, en particulier les importantes recherches de M. Zeuner sur les propriétés de la vapeur d'eau surchauffée; par M. M. Arnthal, ancien Élève de l'École des Ponts et Chaussées, et M. Ach. Cazin, Professeur de Physique au Lycée Condorcet. Un fort volume in-8; 1869......... 10 fr.

Cet Ouvrage diffère essentiellement de ceux qui ont été publiés jusqu'à ce jour sur la Théorie mécanique de la Chaleur. L'Auteur a voulu écrire un Traité destiné spécialement aux Ingénieurs et aux Physiciens. Ce Traité embrasse les diverses parties de la Mécanique appliquée qui ont quelque rapport avec la Chaleur, et en particulier une théorie nouvelle de la machine à vapeur. Il contient de plus, sous une forme très-simple, l'exposé complet des recherches de Clapeyron, Clausius, Joule, Hirn, Mayer, Rankine, W. et J. Thomson, etc.

AQUST (l'Abbé). — **Analyse infinitésimale des courbes dans l'espace.** In-8, avec 40 figures dans le texte; 1876 .... 11 fr.

BRIOT et BOUQUET, Professeurs à la Faculté des Sciences. — **Théorie des fonctions elliptiques.** 2e édition. In-4 de iv-700 pages, avec figures; 1875. Ouvrage complet .... 30 fr.

CAHOURS (Auguste), Membre de l'Académie des Sciences. — **Traité de Chimie générale élémentaire.**

CHIMIE INORGANIQUE. *Leçons professées à l'École Centrale des Arts et Manufactures.* 3e édition. 2 volumes in-18 jésus avec 230 figures et 8 planches; 1874. (*Autorisé par décision ministérielle.*) .... 10 fr.
Chaque volume se vend séparément .... 6 fr.
CHIMIE ORGANIQUE, *Leçons professées à l'École Polytechnique.* 2e édition. 3 volumes in-18 jésus avec fig.; 1874-1875. 15 fr.
Chaque volume se vend séparément .... 6 fr.

CHASLES. — **Aperçu historique sur l'origine et le développement des méthodes en Géométrie,** particulièrement de celles qui se rapportent à la Géométrie moderne, suivi d'un *Mémoire de Géométrie sur deux principes généraux de la Science: la Dualité et l'Homographie.* Seconde édition conforme à la première. Un beau volume in-4 de 850 pages; 1875. Prix .... 35 fr.

CREMONA (L.), Directeur de l'École d'application des Ingénieurs à Rome. — **Éléments de Géométrie projective;** traduits par *Ed. Dewulf,* Chef de bataillon du Génie. Un beau volume in-8, avec 216 figures sur cuivre, en relief, dans le texte; 1875 .... 6 fr.

DELAISTRE (L.), Professeur de Dessin général. — **Cours complet de Dessin linéaire, gradué et progressif.** Quatre Parties, composées de 60 planches et 70 pages de texte in-4 oblong à deux colonnes, tirées au jésus. 2e édition, revue et corrigée; 1873. Prix de l'Ouvrage complet, cartonné .... 15 fr.
Ouvrage donné en prix, par la société d'Encouragement pour l'Industrie nationale, aux quatre-maîtres des établissements industriels, et choisi par Son Excellence M. le Ministre de l'Instruction publique pour les bibliothèques scolaires.

DISLERE (P.), Ingénieur des constructions navales, Secrétaire du Conseil des travaux de la marine. **La Guerre d'escadre et la Guerre de côtes.** (*Les nouveaux navires de combat.*) Un beau volume grand in-8, avec nombreuses figures gravées sur bois, dans le texte; 1876 .... 7 fr.

FLAMMARION (Camille). — **Études et Lectures sur l'Astronomie.** In-12; tomes I, II, III, IV, V, VI et VII, avec figures dans le texte et cartes; 1867-1869-1872-1873-1874-1875-1876.
Chaque volume se vend séparément .... 2 fr. 50 c.
Le Tome VII, accompagné de 42 figures astronomiques, a paru récemment; il contient:
La planète *Mars.* Continents, mers, atmosphère. Végétation probable. Forme des mers. — Anomalie de l'aplatissement de la planète. — La planète *Jupiter.* Variations observées à sa surface. Changement de coloration.— Observations de *Jupiter,* faites par l'auteur en 1874. Forme et couleur des bandes. Taches blanches suivies d'ombres. — Les satellites de Jupiter. — Variation d'éclat des satellites de Jupiter. — Observation spéciale du 4e satellite. — Les satellites de Jupiter sont-ils visibles à l'œil nu? — Les satellites d'*Uranus.* — Analyse spectrale des planètes. — Occultation de *Vénus* du 1er octobre 1875. — Dernières éclipses de Soleil observées. — Petites planètes situées entre Mars et Jupiter. — La Terre vue des différentes planètes. — Dernières comètes observées. Spectres des différentes comètes. — Analyse de la lumière des comètes.
Le Tome VIII est sous presse.

HOUËL (J.), Professeur de Mathématiques à la Faculté des Sciences de Bordeaux. — **Tables de Logarithmes à CINQ DÉCIMALES pour les Nombres et les Lignes trigonométriques,** suivies des logarithmes d'addition et de soustraction ou Logarithmes de Gauss et de diverses Tables usuelles. Nouvelle édition, revue et augmentée. In-8; 1877. (*L'introduction de cet Ouvrage dans les Écoles publiques est autorisée par décision du Ministre de l'Instruction publique et des Cultes en date du 22 août 1859.*) 2 fr.

HOUËL (J.), Professeur de Mathématiques pures à la Faculté des Sciences de Bordeaux. — **Essai critique sur les principes fondamentaux de la Géométrie élémentaire ou Commentaire sur les 32 premières propositions des Éléments d'Euclide.** In-8, avec figures dans le texte; 1867 .... 2 fr. 50 c.

MOIGNO (l'Abbé). — **Actualités scientifiques:**

Ire Série:
1° Analyse spectrale des corps célestes; par *Huggins* . 1 fr. 50 c.
2° Calorescence. — Influence des couleurs; par *Tyndall.* 1 fr. 50 c.
3° La Matière et la Force; par *Tyndall* .... 1 fr. 50 c.
4° Les Éclairages modernes; par l'Abbé *Moigno.* 2e édit. (*Sous presse.*)
5° Sept Leçons de Physique générale; par *A. Cauchy.* 1 fr. 50 c.
6° Physique moléculaire; par l'Abbé *Moigno.* 2e édit.. (*Sous presse.*)
7° Chaleur et Froid; par *Tyndall* .... 2 fr. »
8° Sur la Radiation; par *Tyndall* .... 1 fr. 25 c.
9° Sur la force de combinaison des atomes; par *Hofmann.* 1 fr. 25 c.
10° Faraday inventeur; par *Tyndall* .... 2 fr. »
11° Saccharimétrie optique, chimique et mélassimétrique; par l'Abbé *Moigno* .... 3 fr. 50 c.
12° La Science anglaise, son bilan en 1868 (réunion à Norwich.) .... 2 fr. 50 c.
13° Mélanges de Physique et de Chimie pures et appliquées; par *Frankland, Graham, Macquorn-Rankine, Perkin, Henri Sainte-Claire Deville, Tyndall* ...... 3 fr. 50 c.
14° Les Aliments; par *Letheby* .... 3 fr. »
15° Constitution de la Matière et ses mouvements; par le P. *Leray* .... 2 fr. »
16° Esquisse historique de la théorie dynamique de la Chaleur; par *Tait* .... 3 fr. 50 c.
17° Théorie du Vélocipède. — Sur les lois de l'écoulement de la Vapeur; par *Macquorn-Rankine.* 1 fr. 50 c.
18° Les métamorphoses chimiques du Carbone. — Sur les composés organiques les plus simples; par *Odling.* 1 fr. 50 c.
19° Programme d'un Cours en sept leçons sur les phénomènes et les théories électriques; par *Tyndall.* 1 fr. 50 c.
20° Géologie des Alpes et du tunnel des Alpes; par *Élie de Beaumont et Simonin* .... 2 fr. »
21° La Science anglaise, son bilan en 1869 (réunion à Exeter) 3 fr. 50 c.
22° La Lumière; par *Tyndall* .... 2 fr. 50 c.
23° Recherches sur les Agents explosifs modernes et sur leurs applications récentes; par l'*abbé Moigno*... 2 fr. »
24° Religion et Patrie, vengées de la fausse science et de l'envie haineuse; par l'*abbé Moigno.* .... 1 fr. 50 c.
25° Éléments de Thermodynamique; par M. J. *Moutier.* 2 fr. 50 c.
26° Sur la Force de la poudre et des matières explosives; par M. *Berthelot,* professeur au Collège de France .... 3 fr. 50 c.
27° Sursaturation des solutions gazeuses, des solutions de vapeurs et des solutions salines; par *Ch. Tomlinson.* 2 fr. »
28° Optique moléculaire. Effets de précipitation, de décomposition, d'illumination, produits par la lumière; par l'*abbé Moigno* .... 2 fr. 50 c.

29° L'Architecture du monde des atomes, avec 100 fig. dans le texte; par *Gaudin* .... 5 fr. »
30° Étude sur les éclairs; par *P. Perrin* .... 2 fr. 50 c.
31° Manuel pratique militaire des chemins de fer; par le Capitaine *Isenléne* .... 2 fr. 50 c.
32° Instruction sur les Paratonnerres; par *Gay-Lussac* et *Pouillet.* Nouvelle édition, avec 58 figures et planche, adoptée par l'Académie des Sciences .... 2 fr. 50 c.
33° Tables barométriques et hypsométriques pour le calcul des hauteurs; précédées d'une *instruction;* par M. *Radau* .... 1 fr. »
34° Les passages de Vénus sur le disque solaire, avec figures; par *Edm. Dubois* .... 3 fr. 50 c.
35° Manuel élémentaire de Photographie au collodion humide, avec figures; par *Dumoulin* .... 1 fr. 50 c.
36° Problèmes plaisants et délectables qui se font par les nombres; par *Bachet, sieur de Méziriac.* 3e édition, revue par *Labosne.* Un joli volume petit in-8, elzévir, papier vergé, couverture parchemin (tiré à petit nombre) .... 6 fr. »
37° La Chaleur, considérée comme un mode de mouvement; par *Tyndall.* 2e édition française; 1874 .... 8 fr. »
38° L'Astronomie pratique et les observatoires en Europe et en Amérique, depuis le milieu du XVIIe siècle jusqu'à nos jours; par *André* et *Rayet.* In-18 jésus, avec belles figures dans le texte et planches en couleur.
Ire PARTIE: *Angleterre* .... 4 fr. 50 c.
IIe PARTIE: *Écosse, Irlande et Colonies anglaises.* 4 fr. 50 c.
IIIe PARTIE: *Amérique* .... (*Sous presse.*)
IVe PARTIE: *Europe continentale* .... (*Sous presse.*)
39° Méthodes chimiques pour la recherche des falsifications, l'essai, l'analyse des matières fertilisantes; par *Ferdinand Jean* .... 3 fr. 50 c.
40° Premières leçons de Photographie, avec figures; par *Perrot de Chaumeux* .... 1 fr. 50 c.
41° Les Mines dans la guerre de campagne; Exposé des divers procédés d'inflammation des mines et des pétards de rupture; — Emploi de préparations pyrotechniques et emploi de l'électricité; par le capitaine *Picardat.* Avec 51 figures dans le texte .... 2 fr. 50 c.
42° Essai sur une manière de représenter les quantités imaginaires dans les constructions géométriques; par R. *Argand.* 2e édition, précédée d'une Préface par M. J. *Houël* .... 5 fr. »
43° Essai sur les piles, par A. *Callaud,* Ouvrage couronné par la Société des Sciences, Lettres et Arts de Lille. 2e édition, avec 2 planches .... 2 fr. 50 c.
44° Matière et Éther; indication d'une méthode pour établir les propriétés de l'Éther, par *Kretz,* Ingénieur en chef des Manufactures de l'État .... 1 fr. 50 c.
45° L'unité dynamique des forces et des phénomènes de la nature, ou l'atome tourbillon; par *F. Marco,* Professeur au lycée Cavour, à Turin. In-18 jésus; 1875. 2 fr. 50 c.
46° Physique et physique du Globe. Divers Mémoires de MM. *Tyndall, Carpenter, Ramsay, Raphaël de Rossi* et *Félix Plateau.* Traduit par l'Abbé Moigno. In-18 jésus; 1875 .... 2 fr. 50 c.
47° La grande Pyramide, pharaonique de nom, humanitaire de fait; ses merveilles, ses mystères et ses enseignements; par M. *Piazzi Smith,* Astronome royal d'Écosse et Membre de la Société royale de Londres. Traduit de l'anglais par l'abbé Moigno. In-18 jésus; 1875 .... 3 fr. 50 c.
48° La Foi et la Science; explosion de la libre pensée en août et septembre 1874. Discours annotés de MM. *Tyndall, du Bois-Reymond, Owen, Huxley, Hooker* et sir *John Lubbock;* par l'abbé Moigno. In-18 jésus; 1875 .... 3 fr. »
49° Les insuccès en Photographie; causes et remèdes, suivis de la retouche des clichés et du gélatinage des épreuves; par *Cordier.* 3e édition .... 1 fr. 75 c.
50° La Photolithographie, son origine, ses procédés, ses applications; par *C. Fortier.* Petit in-8, orné de planches, fleurons, culs-de-lampe, etc., obtenus au moyen de la Photolithographie .... 3 fr. 50 c.
51° Procédé au Collodion sec; par *F. Boivin.* 2e édition, augmentée des formulaires de Th. Sutton, des tirages aux poudres inertes (procédé au charbon), ainsi que de notions pratiques sur la Photolithographie, l'électrogravure et l'impression à l'encre grasse .... 1 fr. 50 c.
52° Les Pandynamomètres; *Théorie et Application* (Pandynamomètre de torsion et Pandynamomètre de tension; par *G.-A. Hirn,* Correspondant de l'Institut. In-18 jésus avec 2 grandes planches .... 2 fr. »
53° Notice sur les Aréomètres employés dans l'Industrie, le Commerce et les Sciences; par A. *Baserga,* Constructeur d'instruments. In-18 jésus, avec fig. dans le texte. 1 fr. 50 c.
54° Manuel du Magnanier, application des théories de M. Pasteur à l'éducation des vers à soie; par L. *Roman.* Un beau volume avec nombreuses fig. ombrées dans le texte et 6 planches en couleur .... 4 fr. 50 c.
55° Les Couleurs reproduites en Photographie. Historique, théorie et pratique; par *Eug. Dumoulin* .... 1 fr. 50 c.
56° Progrès récents de l'Astronomie stellaire; par R. *Radau* .... 1 fr. 50 c.
57° Les Observatoires de Montagne (avec figures dans le texte); par R. *Radau* .... 1 fr. 50 c.
58° Traité pratique de Photographie au charbon, complété par la description de divers *Procédés d'impressions inaltérables (Photochromie et tirages photomécaniques);* par *Léon Vidal.* 3e édition. 1 volume, avec 1 planche spécimen de Photochromie et 2 planches spécimens d'impressions à l'encre grasse; 1877 .... 4 fr. 50 c.

IIe Série. — COURS DE SCIENCE ILLUSTRÉE.

1° L'Art des Projections; par l'*abbé Moigno* (103 figures dans le texte); 1872 .... 2 fr. 50 c.
2° Photomicrographie en 100 tableaux pour projections. Texte explicatif avec 29 figures dans le texte; par *J. Girard;* 1872 .... 1 fr. 50 c.
3° Les Accidents, secours à donner en cas d'absence de l'homme de l'art; par *Snée.* Avec 36 figures; 1872 .... 1 fr. 25 c.
4° L'Anatomie et l'Histologie enseignées par les projections lumineuses; par le Dr G. *Le Bon* .... 1 fr. »

www.ingramcontent.com/pod-product-compliance
Lightning Source LLC
LaVergne TN
LVHW021455170726
843501LV00005B/1678